指でわかる
ベクトル・複素数

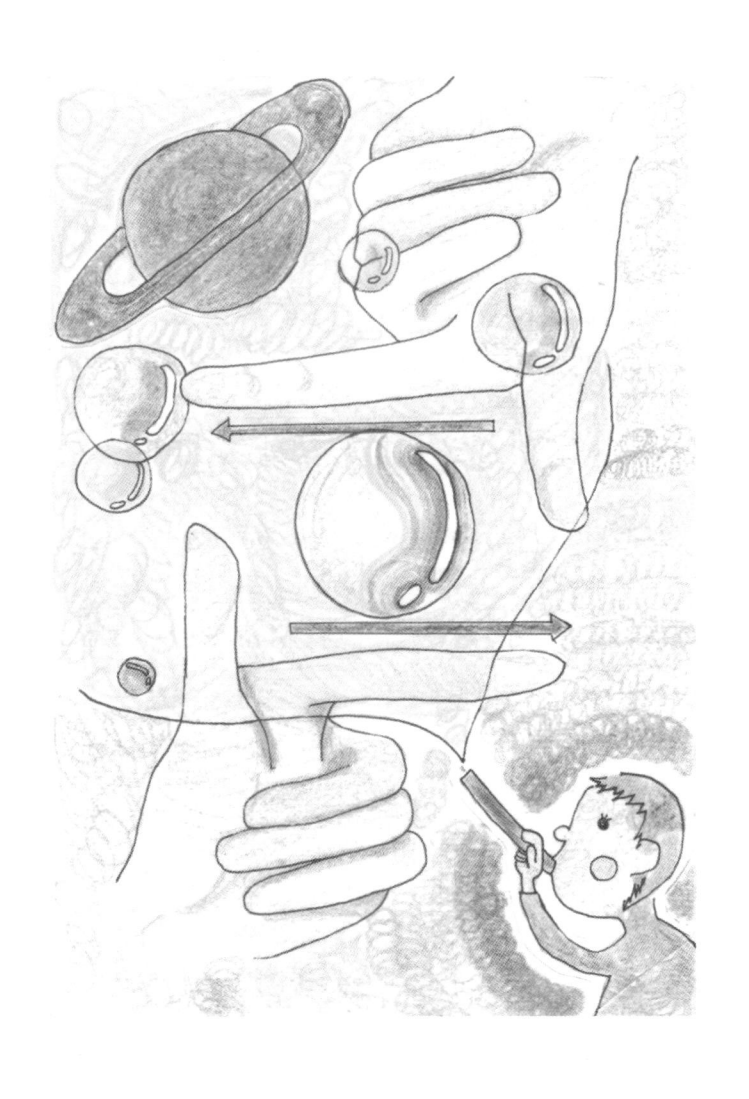

園部順子 著／技報堂出版

まえがき

　高校生との数学を通しての付き合いは，本当に永い期間となりました．その間に，若者達のエネルギーに刺激されて，ここまで勉強が続けられたと思います．今まで出会った多くの高校生へ感謝をしたいと思います．

　今回，今まで貯めてあった数学の一部を発刊する事にしました．
　この本の内容は，授業を通して感じた事を中心として「ベクトルと複素数」に限定しました．生徒からの質問を通して，アイデアを出したものばかりです．
　"若さ"とは，すばらしい可能性を持っています．生徒との会話の中に「オー！」と感動する時が，本当に数多くありました．
　数学を通して，若者達と平等に付き合える事に，心から幸せを感じています．
　数学を「むずかしい」と感じさせるのは教師の方に責任があると思います．いかに身近に感じさせるかが大切だと思います．
　堅い学問ではなく「楽しいナー」と感じてくれること，自分の力を信じる事のすばらしさを生徒には伝えたいと思います．
　そういう学問への手助けになってもらえる事を，この本を通して願います．

　最後にこの本の発行に際し，ステキな表紙絵や挿し絵を描いてくれた生徒達，イライラする私を後方より支えてくれたパートナーの園部隆夫氏に対し心より感謝致します。

推薦のことば

　私ども技術屋は，ベクトルにしろ複素数にしろ，もっぱら物理量と対比させて用いております．それに引き換え，受験数学では当然のことながら，幾何学図形を対象にしていますので，使用方法なり，力点の置き方が，いささか異なっております．ベクトルも，もし，外積まで含めることができれば，対象がさらに空間という概念に拡張され，領域が一気に拡大しますが，受験数学には不向きなのかも知れません．

　私の専門は建物の振動ですが，電気・通信工学にしろ，音響工学にしろ，光工学にしろ，時間的に変動する現象を表すには，必ず，複素数を用います．すなわち

$$F = f(i\omega)e^{i\omega t}$$

または　　　$F = f(i\omega)(\cos \omega t + i \sin \omega t)$　　　　　$t =$ 時間変数

ここで $e^{i\omega t}$ を入力，F を出力　　　　　　　　$\omega = 2\pi f$，$f =$ 振動数

いま，$f(i\omega)$ を実数部と虚数部に分解して

$$f(i\omega) = f_R + if_I$$

と書くと，

$$F = (f_R + if_I)(\cos \omega t + i \sin \omega t)$$

$$F = (f_R \cos \omega t - f_I \sin \omega t) + i(f_I \cos \omega t + f_R \sin \omega t)$$

または

$$F = F_R + iF_I$$

$$F_R = f_R \cos \omega t - f_I \sin \omega t, \quad F_I = f_I \cos \omega t + f_R \sin \omega t \tag{A}$$

これより，入力が $\cos\omega t$ のときは実部 F_R が出力となり，入力が $\sin\omega t$ のときは虚部 F_I が対応する出力となります．このように，実現象では実部も虚部も用いているのです．

上記では説明を簡単にするために ωt の単一な正弦波のみ考えましたが，一般には多数の振動数の和からできていますから
$$F = \sum_{n=1}^{\infty} fn(in\omega t) e^{in\omega t}$$
のように書きますが，(A) の分解の意味は全く同じです．

複素数の使用の基本は以上の通りです．なお，$\operatorname{cis}(\omega t)$ という記号は私は始めてです．ふつうは，$\exp(i\omega t)$ を用いています．

ともかく，沢山の大学受験問題をまないたの上におき，大変上手に調理されているように思います．著者の執筆に対する情熱が読者に深く浸透して行くであろうことを期待します．

2002年7月

多治見エンジニアリング株式会社会長
日本大学名誉教授

田治見 宏

推薦のことば

　数学を実際に使用される場面を分からずに勉強するのは，生徒にとってきつい事かもしれません．

　以下に示すものは，大学1年生の工業数学で利用しているものの一例です．建物の振動解析と基礎数学の接点を解説する目的で使用しているものです．

　読者の皆さんの参考になればよろしいのですが．

2002年7月

　　　　　　日本大学理工学部教授

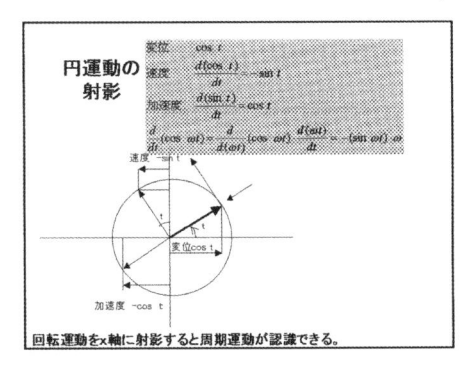

　　　　　　石丸 辰治

円運動の射影

変位　$\cos t$
速度　$\dfrac{d(\cos t)}{dt} = -\sin t$
加速度　$\dfrac{d(\sin t)}{dt} = -\cos t$

$\dfrac{d}{dt}(\cos \omega t) = \dfrac{d}{d(\omega t)}(\cos \omega t)\dfrac{d(\omega t)}{dt} = -(\sin \omega t)\omega$

回転運動をx軸に射影すると周期運動が認識できる。

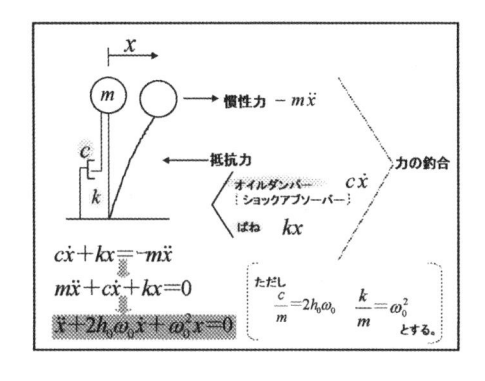

力の釣合

慣性力　$-m\ddot{x}$
抵抗力　オイルダンパー　ショックアブソーバー　$c\dot{x}$
ばね　kx

$c\dot{x} + kx = -m\ddot{x}$
$m\ddot{x} + c\dot{x} + kx = 0$
$\ddot{x} + 2h_0\omega_0\dot{x} + \omega_0^2 x = 0$

ただし $\dfrac{c}{m} = 2h_0\omega_0$, $\dfrac{k}{m} = \omega_0^2$ とする。

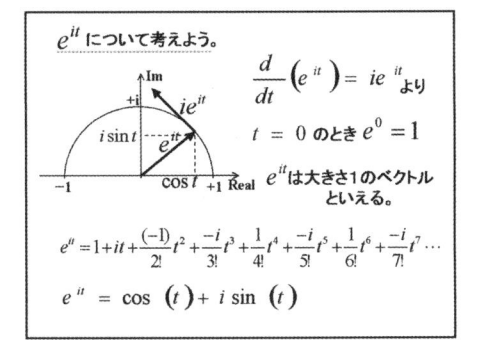

e^{it} について考えよう。

$\dfrac{d}{dt}(e^{it}) = ie^{it}$ より
$t = 0$ のとき $e^0 = 1$
e^{it} は大きさ1のベクトルといえる。

$e^{it} = 1 + it + \dfrac{(-1)}{2!}t^2 + \dfrac{-i}{3!}t^3 + \dfrac{1}{4!}t^4 + \dfrac{-i}{5!}t^5 + \dfrac{1}{6!}t^6 + \dfrac{-i}{7!}t^7 \cdots$

$e^{it} = \cos(t) + i\sin(t)$

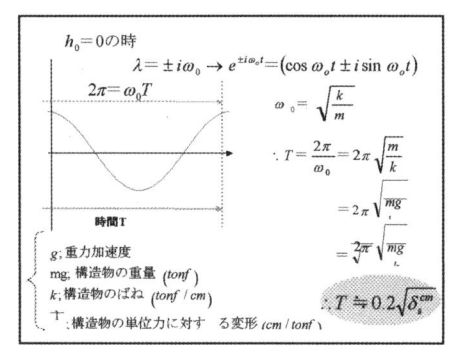

$h_0 = 0$ の時

$\lambda = \pm i\omega_0 \rightarrow e^{\pm i\omega_0 t} = (\cos\omega_0 t \pm i\sin\omega_0 t)$

$2\pi = \omega_0 T$

$\omega_0 = \sqrt{\dfrac{k}{m}}$

$\therefore T = \dfrac{2\pi}{\omega_0} = 2\pi\sqrt{\dfrac{m}{k}}$

$= 2\pi\sqrt{\dfrac{mg}{k}}$

$= \dfrac{2\pi}{\sqrt{g}}\sqrt{\dfrac{mg}{k}}$

$\therefore T \fallingdotseq 0.2\sqrt{\delta_s^{cm}}$

g；重力加速度
mg，構造物の重量 (tonf)
k；構造物のばね (tonf/cm)
構造物の単位力に対する変形 (cm/tonf)

目 次

Chapter 1　2次元ベクトルの捉え方　　19

- section 1-1　自分の指2本で作られた世界　　20
- section 1-2　内積の利用　　30
- section 1-3　"垂直"は，式でどう表現するの？　　52
- section 1-4　ベクトルの世界へ関係をもつのは三角関数の世界です　　57

Chapter 2　3次元ベクトルの捉え方　　71

- section 2-1　自分の指を3本決めて，作られた世界　　72
- section 2-2　座標と成分　　78
- section 2-3　内積の応用　　87

Chapter 3　複素数の世界(complex number)　　105

- section 3-1　2次元ベクトルと同じに考える　　108
- section 3-2　複素数の世界の移動は－平行移動，回転移動　　124
- section 3-3　回転移動の方法（自分の指を2本決めよう）　　138

Chapter 4　Learn complex numbers by English　　187

- section 4-1　Polar form of a complex number　　188
- section 4-2　Multiplication in modulus-argument form　　191
- section 4-3　Division in modulus-argument form　　193
- section 4-4　De Moivre's theorem　　194
- section 4-5　Roots of complex numbers　　195

この本の利用方法について

　数学は"考える順序"が大切です．その為に，言葉よりも"順序"に重点をおきました．
　よって ↓ の記号に沿って考えを進めて下さい．

　1つの問題について，考え方は1つではありません．紹介した解法の中で，自分に合ったものを選んで下さい．

　図示は考えを進める為のHintになるものです．常に文章とその内容の図示を関連させてあります．図の中の色は，次に書かれている式の色と関係するものです．必ず対応する様に読んで下さい．

　現代はグローバルになりました．よって日本人だから日本語というのではなくて，英語や日本語を混ぜました．それによって数学の記号がどの様な単語のイニシャルなのかもわかってきます．

　最後の章に英語版の一部分をのせましたので，参考にして頂き，記号の単純化をマスターして下さい．

ベクトルの世界

1. ベクトルの和と実数倍

　平面上の任意の点Xは，1次独立である(平行でもなく$\vec{0}$でもない)2つのベクトル $\vec{a}, \vec{b}$を用いて，$\overrightarrow{OX} = s\vec{a} + t\vec{b}$ ···①
の形で表すことができます．

　つまり，1次独立である2つのベクトルをもってくれば，平面上のどんなベクトルも，これらをのばしたり(実数倍)，つないだり(和)することによって表せるということです．これが，平面のベクトルを扱う上での基本になります．

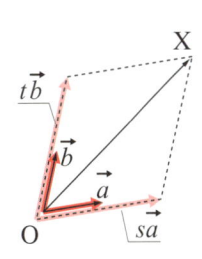

(例1) 直線のパラメータ表示など

　点Aを通り，ベクトル$\vec{t}$に平行な直線 l 上の点Xは，$\overrightarrow{OX} = \overrightarrow{OA} + t\vec{l}$ ······②
と表され，逆に，tがすべての実数値をとるとき，点Xの集合は直線 l 全体になります．

　したがって，②が，直線 l のパラメーター表示になるわけですが，②のパラメータ t には，l 上に，下図のAを原点としBを1とする数直線(単位の長さは$|\vec{l}|$)を設定したときの目盛りを表すという意味があることを十分認識しておきましょう．

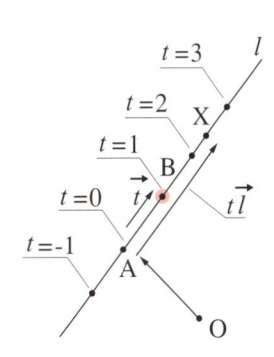

例えば右図の直線AB上の点Xは
$$\vec{OX} = \vec{a} + t\vec{AB}$$
$$= \vec{a} + t(\vec{b} - \vec{a}) \cdots ③$$
$$= (1-t)\vec{a} + t\vec{b} \cdots ④ \quad (係数の和は1)$$
と表せますが，単にXが直線AB上にあるというだけでなく，他の条件がついているときは，③の t にその条件を反映させればよく，たとえば，

　　Xは線分AB上の点　⇄　$0 \leq t \leq 1$
　　XはBAのAのほうの延長上の点　⇄　$t < 0$
　　XはABを2：1に内分する点　⇄　$t=2/3$
　　XはABを3：1に外分する点　⇄　$t=3/2$

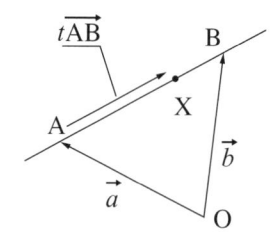

　また，一般に，$0 \leq t \leq 1$ のとき，③で与えられる点Xは線分ABを $t:(1-t)$ に内分する点ですが，④つまり，$\vec{OX} = (1-t)\vec{a} + t\vec{b}$ は，内分する点の公式そのものです．
("$m:n$" であれば，$t = \dfrac{m}{m+n}$ として，$\vec{OX} = \dfrac{n\vec{a} + m\vec{b}}{m+n}$，とくに，ABの中点は，$\dfrac{\vec{a}+\vec{b}}{2}$ となります).

楽勝だネ！
かるい〜かる〜い♪

　なお，④で，$1-t=s$ とおくと，Xが直線AB上にあるための条件は，$\vec{OX}=s\vec{a}+t\vec{b}\ (s+t=1)$ で捉えられますが，根本はあくまでも③です．

(例2)△OABの内部および周上の点の表現

　右図の太線は，$\vec{OX}=s\vec{a}+t\vec{b}\ (0\leqq t\leqq 1-s)$ と表され，s も $0\leqq s\leqq 1$ の範囲で動かすことによって，△OABの内部および周上の点は，$(s\geqq 0,\ t\geqq 0,\ s+t\leqq 1)$

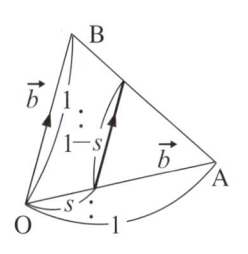

　さて，$\vec{a},\vec{b}$ が1次独立であるとき，当然
　　$k\vec{a}+t\vec{b}=\vec{0} \rightleftarrows k=t=0$
これから，$s\vec{a}+t\vec{b}=s'\vec{a}+t'\vec{b} \rightleftarrows s=s',\ t=t'\cdots$ ⑤
（なぜなら，左側の式 $\rightleftarrows (s-s')\vec{a}+(t-t')\vec{a}=\vec{0}$）が言え，ベクトルの係数について情報を得るには，⑤に帰着させることになります．

　一方，さきの(例1)において，③の t にある条件を加えると直線AB上の図形(点や線分)を表せたのと同様，①の s,t に条件を加えると平面上の図形を表すことができ，また，①の (s,t) は $\vec{a},\vec{b}$ を基準にした一種の座標のようなものです．

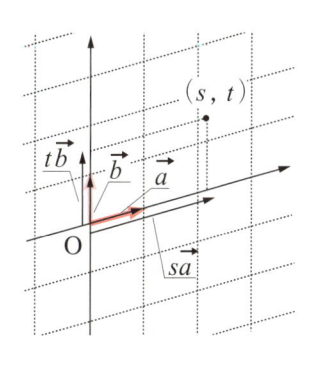

とくに，$\vec{a}=(1,0)$，$\vec{b}=(0,1)$ の場合が，おなじみの xy(直交)座標に当たるわけですが，一般に，$\vec{a}\perp\vec{b}$，$|\vec{a}|=|\vec{b}|$ のときには，①で表された図形を xy 座標系と同様に扱えます．たとえば，

$$\overrightarrow{OX}=\overrightarrow{OO'}+\cos\theta\vec{a}+\sin\theta\vec{b}$$

($0°\leq\theta<360°$)

で表される点Xの集合は，右図の円です．

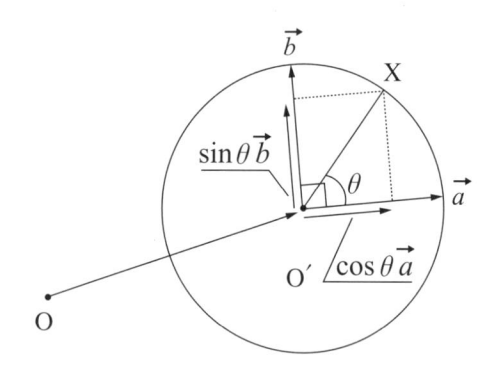

空間では，$\overrightarrow{OX}=s\vec{a}+t\vec{b}+u\vec{c}$(ただし，$\vec{a}$，$\vec{b}$，$\vec{c}$は1次独立，すなわち，$\overrightarrow{OA}=\vec{a}$ などとおくと，OABCは4面体をつくる)とすれば，空間の任意の点Xを表すことができます．

一方, $\vec{a}, \vec{b}, \vec{c}$ は 1 次独立であるとき,
$$s\vec{a} + t\vec{b} + u\vec{c} = \vec{0} \rightleftarrows s = t = u = 0$$
$$s\vec{a} + t\vec{b} + u\vec{c} = s'\vec{a} + t'\vec{b} + u'\vec{c}$$
$$\rightleftarrows s = s', \quad t = t', \quad u = u'$$

であることは, 平面の場合と同様です. また, 空間の直線についても, さきの(例1)はそのまま当てはまり, ②で, X(x, y, z), A(a, b, c)

$\vec{l} = \begin{pmatrix} p \\ q \\ r \end{pmatrix}$ とおくと,

$$\begin{pmatrix} x \\ y \\ z \end{pmatrix} = \begin{pmatrix} a \\ b \\ c \end{pmatrix} + t \begin{pmatrix} p \\ q \\ r \end{pmatrix}$$

となり, これは座標空間における直線の方程式にほかなりません (t はパラメーター).

空間における平面については, 点Aを通り, $\vec{u}, \vec{v}$ ($\vec{v} \not\parallel \vec{u}$, $\vec{u} \neq \vec{0}$, $\vec{v} \neq \vec{0}$) に平行な平面上の点をXとおくと, $\overrightarrow{AX} = s\vec{u} + t\vec{v}$ と表されますから,
$$\overrightarrow{OX} = \overrightarrow{OA} + s\vec{u} + t\vec{v}$$
で, これが空間における, 平面ベクトル方程式です.

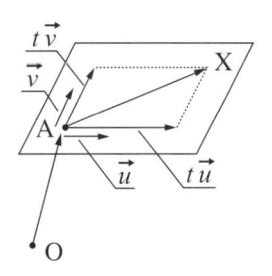

諦めないで，もう一回じっくり解いてみよう！

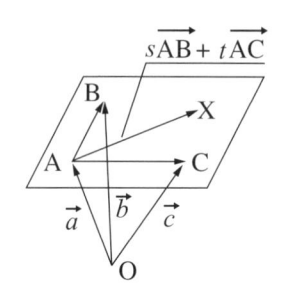

　また，右図の平面ABC上の点Xは，
$$\vec{OX} = \vec{OA} + s\vec{AB} + t\vec{AC}$$
$$= \vec{a} + s(\vec{b} - \vec{a}) + t(\vec{c} - \vec{a})$$
$$= (1 - s - t)\vec{a} + s\vec{b} + t\vec{c}$$
と表され，$\vec{a}$, $\vec{b}$, $\vec{c}$の係数の和は1です．

⇨**注** 以下は，現行課程では教科書の範囲外ですが，互いに垂直な3つのベクトルが現れるとき(直方体を平面で切るなど)に有効です．

　点A(a, b, c)を通り

ベクトル$\vec{n} = \begin{pmatrix} \alpha \\ \beta \\ \gamma \end{pmatrix}$に垂直な平面を$\pi$とすると，

　点X(x, y, z)がπ上
$$\iff \vec{AX} \perp \vec{n} \iff \vec{AX} \cdot \vec{n} = 0$$
$$\iff \alpha(x - a) + \beta(x - a) + \gamma(x - a) = 0 \cdots\cdots ⑥$$
で，⑥は空間における平面の方程式になります
(一般に，1次式 $\alpha x + \beta y + \gamma y + \delta = 0 \cdots\cdots$ ⑦は平面を表す).

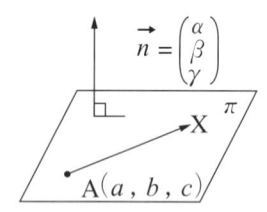

また，右図の平面PQRは，

$$\frac{\vec{p}}{p} + \frac{\vec{q}}{q} + \frac{\vec{r}}{r} = 1 \quad \cdots ⑧$$

で表されます(⑧は1次式で，P〜Rの座標は⑧を満たす).

なお，⑦⑧は座標平面における直線

$\alpha x + \beta y + \delta = 0$, $\dfrac{x}{p} + \dfrac{y}{q} = 1$ に対応します．

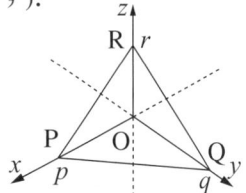

2. ベクトルの内積

内積は，$\vec{a} \cdot \vec{b} = \vec{b} \cdot \vec{a}$, $(k\vec{a}) \cdot \vec{b} = k(\vec{a} \cdot \vec{b})$
$\vec{a} \cdot (\vec{b} + \vec{c}) = \vec{a} \cdot \vec{b} + \vec{a} \cdot \vec{c}$

といった性質があるので普通の数の積と同じように扱えます．さらに，以下のことがらも重要です．

(1) 垂直条件，平行条件

$\vec{a} = (a_1, a_2)$, $\vec{b} = (b_1, b_2)$ $(\vec{a}, \vec{b} \neq \vec{0})$ のとき
$\vec{a} \perp \vec{b} \rightleftarrows \vec{a} \cdot \vec{b} = 0 \rightleftarrows a_1 b_1 + a_2 b_2 = 0$
$\vec{a} /\!/ \vec{b} \rightleftarrows a_1 : a_2 = b_1 : b_2 \rightleftarrows a_1 b_2 - a_2 b_1 = 0 \quad \cdots ⑨$

(2) 3角形の面積

右図で，$2\triangle \text{OAB} = |\vec{a}||\vec{b}|\sin\theta$
$= |\vec{a}||\vec{b}|\sqrt{1 - \cos^2\theta}$
$= \sqrt{|\vec{a}|^2|\vec{b}|^2 - (|\vec{a}||\vec{b}|\cos\theta)^2}$

だから，$\triangle \text{OAB} = \dfrac{1}{2}\sqrt{|\vec{a}|^2|\vec{b}|^2 - (\vec{a} \cdot \vec{b})^2} \quad \cdots ⑩$

平面でも空間でも⑩は成り立ち，さらに平面においては

$\vec{a} = (a_1, a_2)$, $\vec{b} = (b_1, b_2)$ とおくと，

$\triangle \text{OAB} = ⑩ = \dfrac{1}{2}|a_1 b_2 - a_2 b_1| \quad \cdots\cdots\cdots ⑪$

(⑪ = 0 がまさしく，(1)の⑨(平行条件)になる)

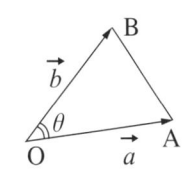

(3) 内積の図形的意味
$\vec{a}\cdot\vec{b}=|\vec{a}||\vec{b}|\cos\theta$
だから，右図で，$\theta\leqq 90°$ のとき，
$\vec{a}\cdot\vec{b}=|\vec{a}||\vec{h}|$　$\theta>90°$ のとき，
$\vec{a}\cdot\vec{b}=-|\vec{a}||\vec{h}|$　(H)(h) O $\vec{h}$ H
（内積は2線分の長さの積で表される）

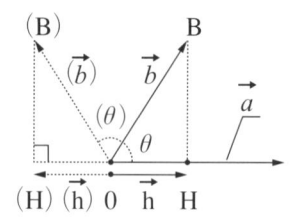

(4) 正射影ベクトル
右上図において，$\vec{h}$ を，$\vec{b}$ の $\vec{a}$ の上への正射影ベクトルと言い，

$$|\vec{h}|=\frac{|\vec{a}\cdot\vec{b}|}{|\vec{a}|}$$

$$\vec{h}=|\vec{b}|\cos\theta\cdot\frac{\vec{a}}{|\vec{a}|}=\frac{|\vec{a}|\cdot|\vec{b}|\cos\theta}{|\vec{a}|^2}\vec{a}=\frac{\vec{a}}{|\vec{a}\cdot\vec{b}|^2}\vec{a}$$

とくに $\vec{a}$ が単位ベクトルのとき，

$$|\vec{h}|=|\vec{a}\cdot\vec{b}|,\quad \vec{h}=(\vec{a}\cdot\vec{b})\vec{a}$$

(5) 積の和を内積と見る
例．$a\cos\theta,\sin\theta$ を，2つのベクトル $(a,b),(\cos\theta+b\sin\theta)$ の内積と見て，最大・大小を捉える．

Chapter 1

2次元のベクトルの捉え方

（基本は，直角三角形がぶらさがっているよ）

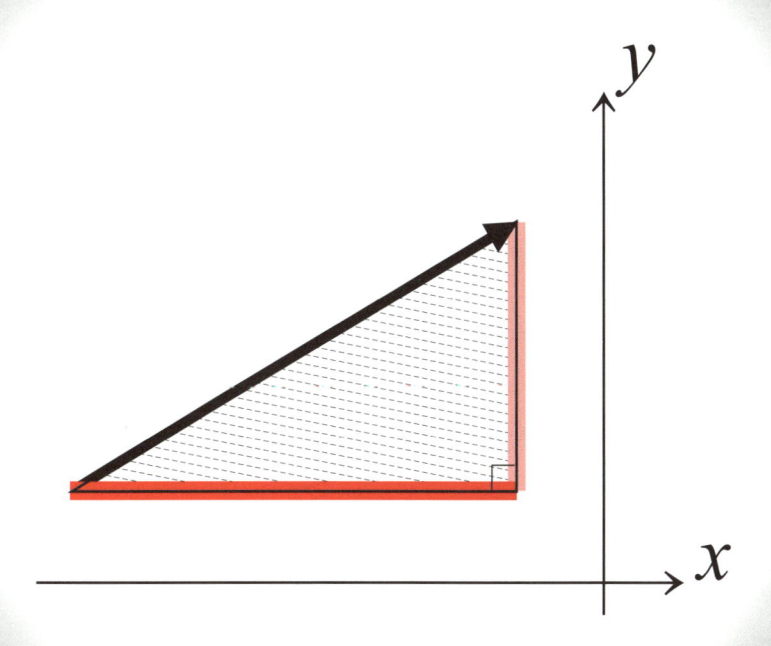

Section 1-1

自分の指2本で作られた世界

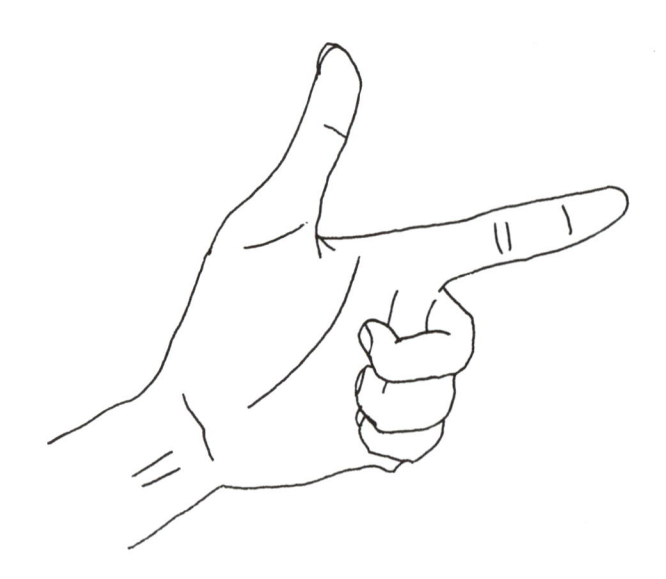

Chapter 1　2次元のベクトルの捉え方　　自分の指2本で作られた世界　section 1-1

△OABに対し，OAを3：2に内分する点をP，OBを2：1に内分する点をQとする．AQとBPの交点をRとし，$\vec{a}=\overrightarrow{OA}$，$\vec{b}=\overrightarrow{OB}$とする．このとき，ベクトル$\overrightarrow{OR}$を$\vec{a}$，$\vec{b}$を用いて表せ．　　　　　（東京電機大・工）

解

考え方1

(1)

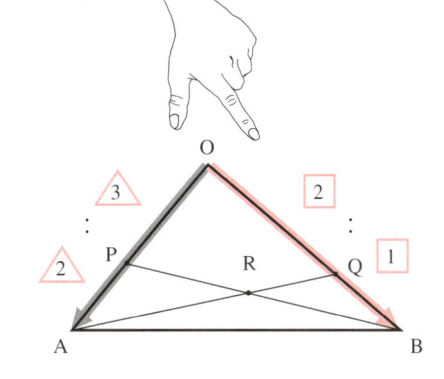

$$\overrightarrow{OP}=\frac{3}{5}\vec{a}$$

$$\overrightarrow{OQ}=\frac{2}{3}\vec{b}$$

R on AQ
$$\overrightarrow{OR}=s\overrightarrow{OA}+(1-s)\overrightarrow{OQ}$$
$$=s\vec{a}+\frac{2}{3}(1-s)\vec{b}$$

R on BP
$$\overrightarrow{OR}=t\overrightarrow{OB}+(1-t)\overrightarrow{OP}$$
$$=t\vec{b}+\frac{3}{5}(1-t)\vec{a}$$

係数比較 $\begin{cases} s=\dfrac{3}{5}(1-t) \\ \dfrac{2}{3}(1-s)=t \end{cases}$

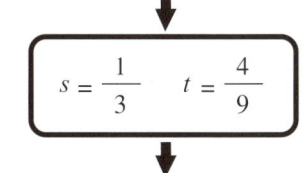

理由
$\vec{a}\not\parallel\vec{b}$，$\vec{a}\neq\vec{0}$，$\vec{b}\neq\vec{0}$
（$\vec{a}$，$\vec{b}$は一次独立である）

$$s=\frac{1}{3} \quad t=\frac{4}{9}$$

$$\overrightarrow{OR}=\frac{1}{3}\vec{a}+\frac{4}{9}\vec{b}$$

Chapter 1　2次元のベクトルの捕え方　　自分の指2本で作られた世界　section 1-1

同一直線上にない3点O，A，B，があり，$\vec{OA} = \vec{a}$，$\vec{OB} = \vec{b}$とする．
(1) 点C，Dをそれぞれ$\vec{OC} = 2\vec{a}$，$\vec{OD} = 3\vec{b}$を満たす点とし，線分ADと線分BCの交点をEとする．$\vec{OE}$を$\vec{a}$，$\vec{b}$で表せ．
(2) 点P，Qはそれぞれ$\vec{OP} = s\vec{a}$，$\vec{OQ} = t\vec{b}$を満たす点であるとき，線分AQと線分BPが$\vec{OR} = \dfrac{1}{2}\vec{a} + \dfrac{2}{3}\vec{b}$を満たす点Rで交わるように，$s, t$の値を定めよ．

（頻出問題）

解

考え方

(1)

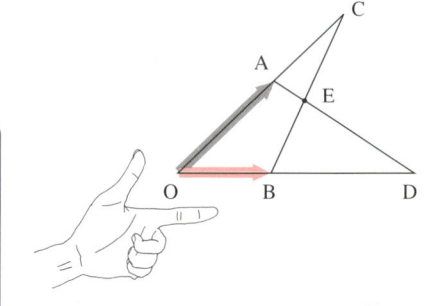

・EはAD上にある
$\vec{OE} = l\vec{OA} + (1-l)\vec{OD}$　　$(0 \leq l \leq 1)$

・EはBC上にある
$\vec{OE} = m\vec{OB} + (1-m)\vec{OC}$　　$(0 \leq m \leq 1)$

∴　$l\vec{a} + (1-l)3\vec{b} = m\vec{b} + (1-m)2\vec{a}$

$\vec{a}$と$\vec{b}$は一次独立 より
$\vec{a}$ ······ $l = 2(1-m)$　①
$\vec{b}$ ······ $3(1-l) = m$　②

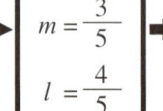

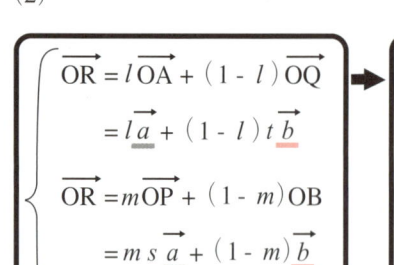

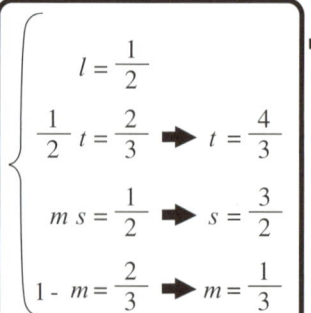

→　$m = \dfrac{3}{5}$
　　$l = \dfrac{4}{5}$

答　∴　$\vec{OE} = \dfrac{3}{5}\vec{b} + \dfrac{4}{5}\vec{a}$

一次独立ってナーニ？
・平行でない
・$\vec{0}$でない

(2)

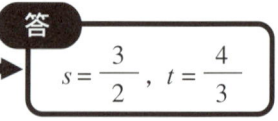

$\begin{cases} \vec{OR} = l\vec{OA} + (1-l)\vec{OQ} \\ \quad = l\vec{a} + (1-l)t\vec{b} \\ \vec{OR} = m\vec{OP} + (1-m)\vec{OB} \\ \quad = ms\vec{a} + (1-m)\vec{b} \\ \vec{OR} = \dfrac{1}{2}\vec{a} + \dfrac{2}{3}\vec{b} \end{cases}$

→　$\begin{cases} l = \dfrac{1}{2} \\ \dfrac{1}{2}t = \dfrac{2}{3} \Rightarrow t = \dfrac{4}{3} \\ ms = \dfrac{1}{2} \Rightarrow s = \dfrac{3}{2} \\ 1-m = \dfrac{2}{3} \Rightarrow m = \dfrac{1}{3} \end{cases}$

答　$s = \dfrac{3}{2}$，$t = \dfrac{4}{3}$

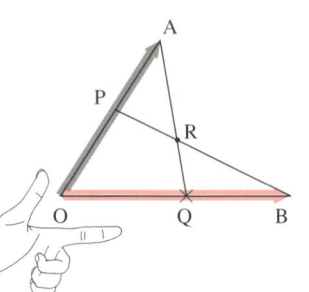

Chapter 1 2次元のベクトルの捕え方   自分の指2本で作られた世界   section 1-1

三角形ABCにおいてABを$(k-1):1$に内分する点をD，ACを$k:1$に内分する点をE，BCを$1:(2k-1)$に内分する点をF，$(2k-1):1$に内分する点をGとする．さらに，DFとEGの各延長線が交わる点をP，APとBCの交点をMとする．ただし，$2 \leq k$とする．このとき，$\overrightarrow{DP} = \boxed{} \overrightarrow{DF}$，$\overrightarrow{EP} = \boxed{} \overrightarrow{EG}$と表される．さらに，MはAPを$1:\boxed{}$に内分している．

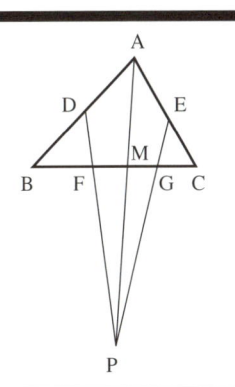

解

考え方

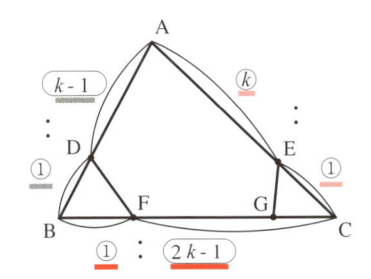

point
"2次元ベクトルなので2つのベクトルを決める"

$\overrightarrow{AB} = \vec{b}$
$\overrightarrow{AC} = \vec{c}$ とする．

2次元空間とは一次独立の2つのベクトルが支配している世界だよ

ちょっと一言
内分点や外分点をベクトルで表現するときのアイディアを伝えよう．

点Fは線分BCを$1:2k-1$に内分している

↓

ベクトル的に表現

$\overrightarrow{AF}$ は $\overrightarrow{AB}, \overrightarrow{AC}$ を $1:2k-1$ に内分

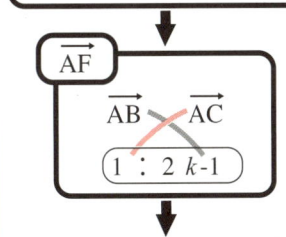

↓

$\overrightarrow{AF}$

$\overrightarrow{AB}$ ╳ $\overrightarrow{AC}$

$1 : 2k-1$

↓

$\overrightarrow{AF} = \dfrac{(2k-1)\overrightarrow{AB} + 1 \cdot \overrightarrow{AC}}{1+(2k-1)}$

$= \dfrac{(2k-1)\overrightarrow{AB} + 1 \cdot \overrightarrow{AC}}{2k}$

$\overrightarrow{AD} = \dfrac{k-1}{k}\vec{b}$

$\overrightarrow{AE} = \dfrac{k}{k+1}\vec{c}$

$\overrightarrow{AF} = \dfrac{(2k-1)\vec{b} + \vec{c}}{2k}$ （$k \geq 2$とする）

$\overrightarrow{AG} = \dfrac{\vec{b} + (2k-1)\vec{c}}{2k}$

P on DF

$\overrightarrow{AP} = s\overrightarrow{AD} + (1-s)\overrightarrow{AF}$

$= \dfrac{(k-1)s}{k}\vec{b} + \dfrac{(2k-1)(1-s)\vec{b} + (1-s)\vec{c}}{2k}$

$= \dfrac{(2k-s-1)\vec{b} + (1-s)\vec{c}}{2k}$ ……㋐

Chapter 1 2次元のベクトルの捉え方　　自分の指2本で作られた世界　section 1-1

P on EG

$$\vec{AP} = t\vec{AE} + (1-t)\vec{AG}$$

$$= \frac{kt}{k+1}\vec{c} + \frac{(1-t)\vec{b} + (2k-1)(1-t)\vec{c}}{2k}$$

$$= \frac{(1-t)(k+1)\vec{b} + (2k^2 + k - kt - 1 + t)\vec{c}}{2k(k+1)} \quad \cdots\cdots ⓘ$$

$\vec{b}$ と $\vec{c}$ は一次独立より ㋐ ㋑ を比較して

$$\begin{cases} ① & \dfrac{2k-s-1}{2k} = \dfrac{(1-t)(k-1)}{2k(k+1)} & \cdots\cdots \vec{b} \text{の係数} \\ ② & \dfrac{1-s}{2k} = \dfrac{(2k^2 + k - kt - 1 + t)}{2k(k+1)} & \cdots\cdots \vec{c} \text{の係数} \end{cases}$$

---

①より

$$(2k-s-1)\underline{(k+1)} = (1-t)\underline{(k+1)} \quad \cdots\cdots ①'$$

　　$k \geqq 2$ より $k+1 \neq 0$ なので 両辺から $\underline{k+1}$ は約せる

$$\therefore \quad 2k-s-1 = 1-t \quad \cdots\cdots ①''$$

②より

$$s = 1 - \frac{2k^2 + k - kt - 1 + t}{k+1}$$

$$= \frac{k+1-2k^2-k+kt+1-t}{k+1}$$

$$= \frac{-2k^2+kt-t+2}{k+1}$$

> **attention**
>
> 文字式は勝手に約さないこと.
> 　not zero
> の確認がされた時だけ，約せる.

これを①''に代入

$$2k - 1 - \frac{-2k^2 + kt - t + 2}{k+1} = 1 - t$$

$$2k^2 + 2k - k - 1 + 2k^2 - kt + t - 2 = k + 1 - kt - t$$

$$4k^2 + 2t - 4 = 0$$

| Chapter 1　2次元のベクトルの捕え方 | 自分の指2本で作られた世界　section 1-1 |

$$t = \frac{-4k^2 + 4}{2} = -2k^2 + 2$$

$$s = 1 - \frac{-2k^2 + k(-2k^2+2) - (-2k^2+2) + 2}{k+1}$$

$$= \frac{-2k^3 + 2k}{k+1}$$

$$= \frac{-2k(k-1)(k+1)}{k+1}$$

$$= -2k(k-1)$$

↓

$$\overrightarrow{AP} = \frac{2k^2 - 1}{2k}\vec{b} + \frac{2k^2 - 2k + 1}{2k}\vec{c}$$

↓

$$\overrightarrow{DP} = \overrightarrow{AP} - \overrightarrow{AD}$$

$$= \frac{2k^2 - 1}{2k}\vec{b} + \frac{2k^2 - 2k + 1}{2k}\vec{c} - \frac{k-1}{k}\vec{b}$$

↓

$$\overrightarrow{DP} = \frac{2k^2 - 2k + 1}{2k}\vec{b} + \frac{2k^2 - 2k + 1}{2k}\vec{c}$$

$$\overrightarrow{DF} = \overrightarrow{AF} - \overrightarrow{AD} = \frac{(2k-1)\vec{b} + \vec{c}}{2k} - \frac{k-1}{k}\vec{b}$$

$$= \frac{1}{2k}\vec{b} + \frac{1}{2k}\vec{c}$$

↓

答

$$\overrightarrow{DP} = (2k^2 - 2k + 1)\overrightarrow{DF}$$

Chapter 1　2次元のベクトルの捉え方　　　自分の指2本で作られた世界　section 1-1

$$\overrightarrow{EP} = \overrightarrow{AP} - \overrightarrow{AE}$$
$$= \frac{2k^2-1}{2k}\vec{b} + \frac{2k^2-2k+1}{2k}\vec{c} - \frac{k}{k+1}\vec{c}$$
$$= \frac{2k^2-1}{2k}\vec{b} + \frac{(k-1)(2k^2-1)}{2k(k+1)}\vec{c}$$

$$\overrightarrow{EG} = \overrightarrow{AG} - \overrightarrow{AE}$$
$$= \frac{\vec{b} + (2k-1)\vec{c}}{2k} - \frac{k}{k+1}\vec{c}$$
$$= \frac{1}{2k}\vec{b} + \frac{k-1}{2k(k+1)}\vec{c}$$

答
$$\overrightarrow{EP} = (2k^2-1)\overrightarrow{EG}$$

点A, M, Pは一直線上にある

$$\overrightarrow{AM} = l\overrightarrow{AP}$$
$$= \frac{(2k^2-1)l}{2k}\vec{b} + \frac{(2k^2-2k+1)l}{2k}\vec{c}$$

↓

点M on BC

$$\frac{(2k^2-1)l + (2k^2-2k+1)l}{2k} = 1$$
$$(4k^2-2k)l = 2k$$
$$l = \frac{k}{k(2k-1)} = \frac{1}{2k-1}$$

↓

$$\therefore \overrightarrow{AM} = \frac{1}{2k-1}\overrightarrow{AP}$$

ちょっと一言

[図: 三角形ABC、BC上に点M]

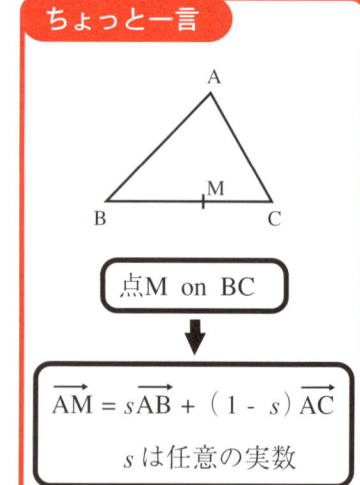

点M on BC

↓

$$\overrightarrow{AM} = s\overrightarrow{AB} + (1-s)\overrightarrow{AC}$$

s は任意の実数

比の値についての図

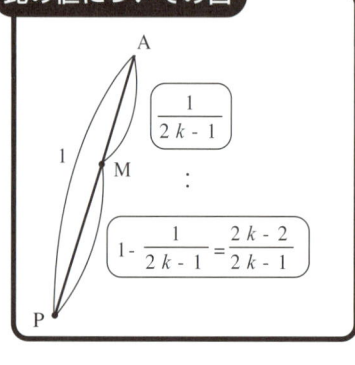

[図: A, M, Pが一直線上、AM : MP = $\frac{1}{2k-1}$: $1-\frac{1}{2k-1} = \frac{2k-2}{2k-1}$]

答
$\therefore$ 点MはAPを
$1:(2k-2)$ に内分している

Chapter 1　2次元のベクトルの捉え方　　自分の指2本で作られた世界　section 1-1

図のように四角形ABCDの辺AB，CDの中点をそれぞれM，Nとし，線分AD，MN，BCを $t : 1-t$ に内分する点をそれぞれP，Q，Rとするとき，3点P，Q，Rは一直線上にあることを示せ．　　　　　　　　　　（頻出問題）

解

考え方1

(1)

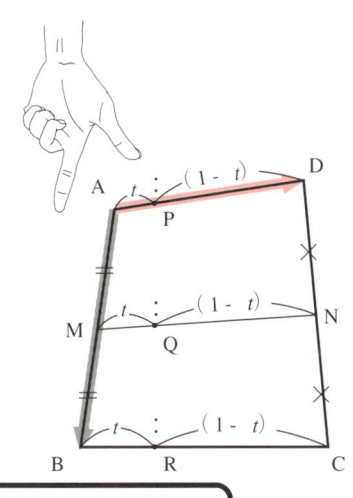

- $\overrightarrow{AP} = t\vec{d}$

- $\overrightarrow{AQ} = t\overrightarrow{AN} + (1-t)\overrightarrow{AM}$

  $= t \dfrac{\overrightarrow{AD} + \overrightarrow{AC}}{2} + (1-t) \dfrac{\vec{b}}{2}$

  $= \dfrac{t}{2}\left(\vec{d} + \overrightarrow{AC}\right) + \dfrac{1-t}{2}\vec{b}$

- $\overrightarrow{AR} = t\overrightarrow{AC} + (1-t)\overrightarrow{AB}$

  $= t\overrightarrow{AC} + (1-t)\vec{b}$

image
$\overrightarrow{PQ} = t\overrightarrow{PR}$ を作ろう

point
Decide two vectors
$\overrightarrow{AB} = \vec{b}$
$\overrightarrow{AD} = \vec{d}$

point
始点をどこにするか？

$\overrightarrow{PQ} = \overrightarrow{AQ} - \overrightarrow{AP} = \dfrac{t}{2}\left(\vec{d} + \overrightarrow{AC}\right) + \dfrac{1-t}{2}\vec{b} - t\vec{d} = \dfrac{t}{2}\overrightarrow{AC} + \dfrac{1-t}{2}\vec{b} - \dfrac{t}{2}\vec{d}$

$\overrightarrow{PR} = \overrightarrow{AR} - \overrightarrow{AP} = t\overrightarrow{AC} + (1-t)\vec{b} - t\vec{d}$

答

∴ $\overrightarrow{PQ} = \dfrac{1}{2}\overrightarrow{PR}$

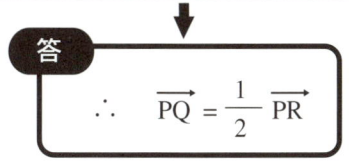

So Point, P, Q, R make straight line.

Chapter 1　2次元のベクトルの捉え方　　自分の指2本で作られた世界　section 1-1

△ABCにおいて，辺ABを2：1に内分する点をD，辺ACを3：1に内分する点をEとし，線分CD，BEの交点をPとする．

(1) $\overrightarrow{AP}$を$\overrightarrow{AB}$，$\overrightarrow{AC}$を用いて表せ．
(2) AB = 3，AC = 4，AP = $\sqrt{7}$のとき，∠BACの大きさを求めよ．

（佐賀大）

解

考え方

(1)

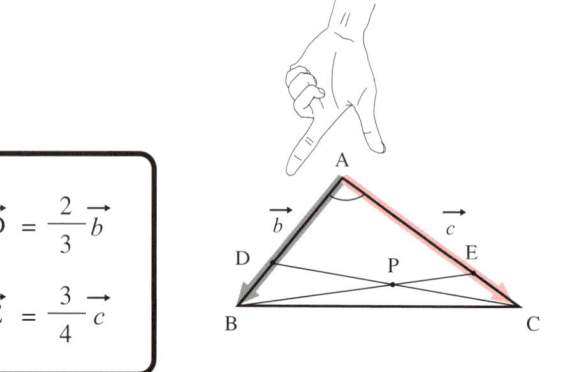

$$\overrightarrow{AD} = \frac{2}{3}\vec{b}$$

$$\overrightarrow{AE} = \frac{3}{4}\vec{c}$$

P on CD
$$\overrightarrow{AP} = s\overrightarrow{AC} + (1-s)\overrightarrow{AD}$$
$$= s\vec{c} + (1-s)\cdot\frac{2}{3}\vec{b}$$

P on BE
$$\overrightarrow{AP} = t\overrightarrow{AB} + (1-t)\overrightarrow{AE}$$
$$= t\vec{b} + (1-t)\cdot\frac{3}{4}\vec{c}$$

$\vec{b}$と$\vec{c}$は **一次独立（必記!!!）** より，$\vec{b}$，$\vec{c}$の係数を各々調べてみると

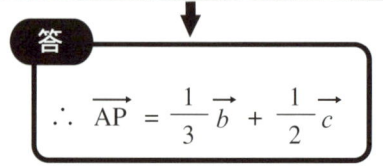

$\vec{b}\cdots \begin{cases} \dfrac{2}{3}(1-s) = t \\ \\ \vec{c}\cdots \quad s = \dfrac{3}{4}(1-t) \end{cases}$

$\begin{array}{r} 2s + 3t = 2 \\ -)\ 4s + 3t = 3 \\ \hline -2s \quad\quad = -1 \end{array}$

$s = \dfrac{1}{2} \quad t = \dfrac{1}{3}$

答

$$\therefore\ \overrightarrow{AP} = \frac{1}{3}\vec{b} + \frac{1}{2}\vec{c}$$

(2)

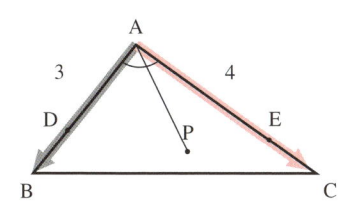

$|\overrightarrow{AP}| = \sqrt{7}$ と (1) の結果を利用していくと

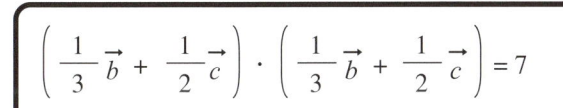

$$\left(\frac{1}{3}\vec{b} + \frac{1}{2}\vec{c}\right) \cdot \left(\frac{1}{3}\vec{b} + \frac{1}{2}\vec{c}\right) = 7$$

$$\frac{1}{9}|\vec{b}|^2 + \frac{1}{3}\vec{b} \cdot \vec{c} + \frac{1}{4}|\vec{c}|^2 = 7$$

$$1 + \frac{1}{3} \cdot 3 \cdot 4 \cos A + 4 = 7$$

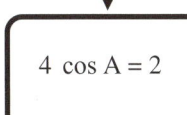

ちょっと一言

$\vec{x} \cdot \vec{x} = |\vec{x}|^2$
自分の頭で考えられるかな？

$$4 \cos A = 2$$

$$\cos A = \frac{1}{2}$$

答 $0° < A < 180°$ より $A = 60°$

Section 1-2

内積の利用

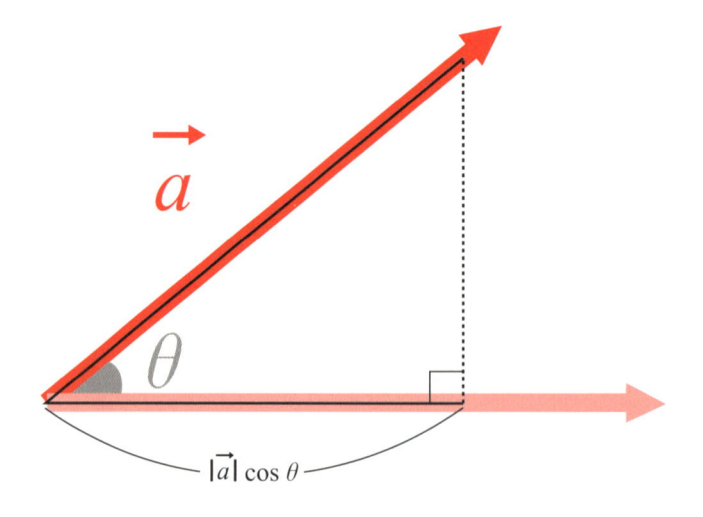

Chapter 1 2次元のベクトルの捉え方

内積の利用　section 1-2

△OABに対し，点Oから直線ABに下ろした垂線と直線ABの交点をHとする．$\vec{a} = \overrightarrow{OA}$，$\vec{b} = \overrightarrow{OB}$とおく．$|\vec{a}|=3$，$|\vec{b}|=2$，$\vec{a} \cdot \vec{b} = 2$のとき，$\overrightarrow{OH}$を$\vec{a}$，$\vec{b}$を用いて表せ． （東京電機大・工）

解

考え方

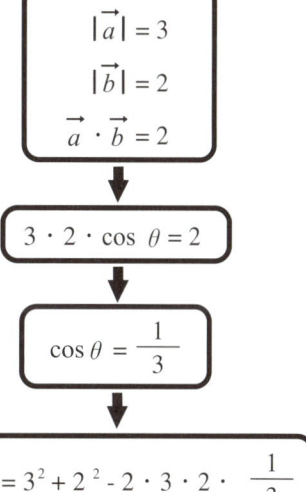

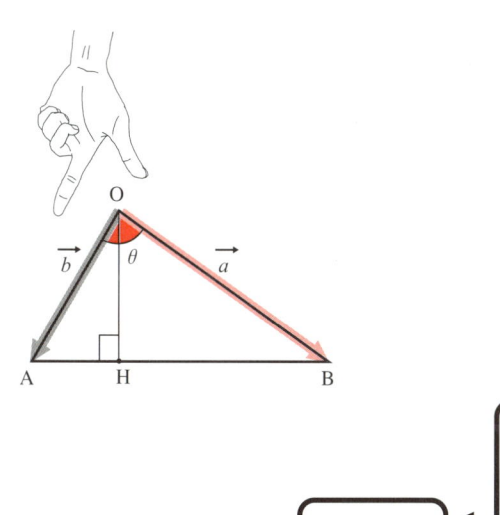

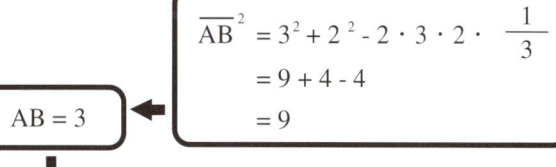

$|\vec{a}| = 3$
$|\vec{b}| = 2$
$\vec{a} \cdot \vec{b} = 2$
↓
$3 \cdot 2 \cdot \cos\theta = 2$
↓
$\cos\theta = \dfrac{1}{3}$
↓
$\overrightarrow{AB}^2 = 3^2 + 2^2 - 2 \cdot 3 \cdot 2 \cdot \dfrac{1}{3}$
$= 9 + 4 - 4$
$= 9$
↓
AB = 3

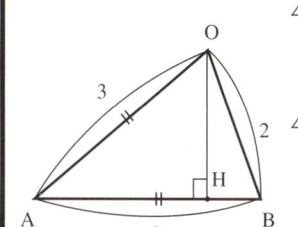

△OABを見て （余弦定理）

$\cos A = \dfrac{3^2 + 3^2 - 2^2}{2 \cdot 3 \cdot 3} = \dfrac{9 + 9 - 4}{2 \cdot 3 \cdot 3} = \dfrac{14}{2 \cdot 3 \cdot 3} = \dfrac{7}{9}$

△OAHを見て

$\cos A = \dfrac{AH}{3}$

∴ $AH = \dfrac{7}{3}$

↓

$BH = 3 - \dfrac{7}{3} = \dfrac{2}{3}$

↓

AH : BH = 7 : 2

↓

答 $\overrightarrow{OH} = \dfrac{2\vec{a} + 7\vec{b}}{9}$

point

H on AB
↓
AH : BH が求まれば
$\overrightarrow{OH}$ は決まる

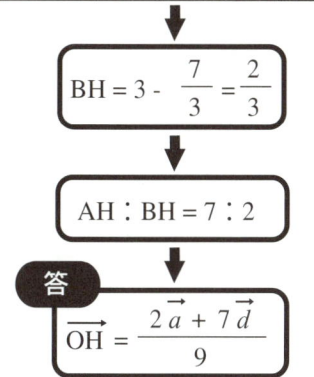

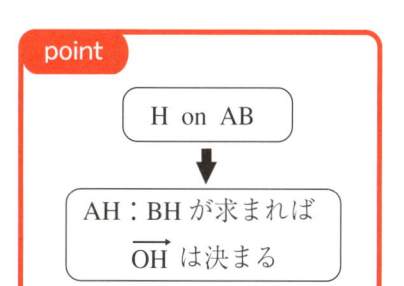

Chapter 1　2次元のベクトルの捉え方　　内積の利用　section 1-2

AB = 4，BC = 3，AC = 2の三角形ABCについて，∠Aの2等分線が辺BCと交わる点をD，∠Bの2等分線が線分ADと交わる点をIとするとき，
(1) $\overrightarrow{AD}$を$\overrightarrow{AB}$，$\overrightarrow{AC}$で表せ．
(2) $\overrightarrow{AI}$を$\overrightarrow{AB}$，$\overrightarrow{AC}$で表せ．

(岡山理科大・工)

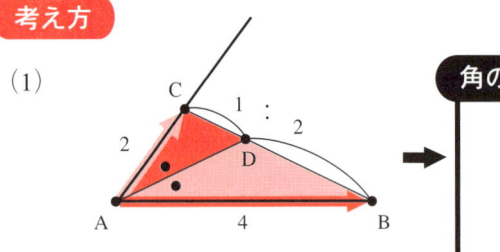

解

考え方

(1) 角の2等分線重要公式より

底辺：底辺 = 斜辺：斜辺

BD : CD = 4 : 2 = 2 : 1

現実　BC = 3 より　BD = 2，CD = 2

答
$$\overrightarrow{AD} = \frac{2\overrightarrow{AC} + 1\overrightarrow{AB}}{3}$$

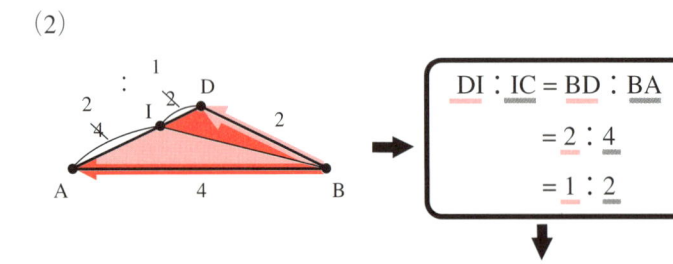

(2) DI : IC = BD : BA
　　　　　 = 2 : 4
　　　　　 = 1 : 2

$$\overrightarrow{BI} = \frac{2\overrightarrow{BD} + 1\overrightarrow{BA}}{3}$$

$$= \frac{1}{3}\{2(\overrightarrow{AD} - \overrightarrow{AB}) - \overrightarrow{AB}\}$$

$$= \frac{1}{3} \cdot \left(\frac{4\overrightarrow{AC} + 2\overrightarrow{AB}}{3} - 3\overrightarrow{AB}\right)$$

$$= \frac{4}{9} \cdot \overrightarrow{AC} - \frac{7}{9}\overrightarrow{AB}$$

答
$$\therefore \overrightarrow{AI} = \overrightarrow{AB} + \overrightarrow{BI} = \frac{2}{9}\overrightarrow{AB} + \frac{4}{9}\overrightarrow{AC}$$

別解　$\overrightarrow{AI} = \frac{2}{3}\overrightarrow{AD}$ を考えると，もっと早く結論に到る．

Chapter 1　2次元のベクトルの捉え方　　内積の利用　section 1-2

△ABCの垂心をH，外心をOとするとき，
$$\vec{OH} = \vec{OA} + \vec{OB} + \vec{OC}$$
が成り立つことを証明せよ．さらに，△ABCの重心をGとし，OG = 1であるとき，GHの長さを求めよ．　　　　　　　　　　　　（頻出問題）

解

考え方

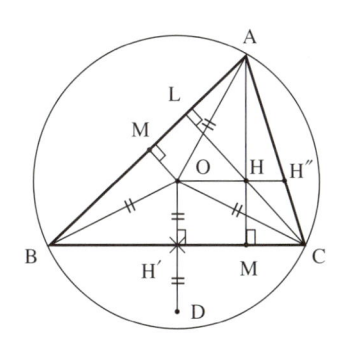

check	⇔	attention
Hの特徴を $\vec{OA} + \vec{OB} + \vec{OC}$ は満たすか		$BH \perp AC$ $AH \perp BC$

$\vec{OA} + \vec{OB} + \vec{OC} = \vec{OP}$ とおく

$\vec{AP} = \vec{OP} - \vec{OA} = (\vec{OA} + \vec{OB} + \vec{OC}) - \vec{OA}$

　　　（H′はBCの中点）

　　　$= \vec{OB} + \vec{OC}$

　　　$= 2\vec{OH'}$　　∴　$AP \parallel OH'$

△OBCは二等辺三角形より，中線と垂線が一致するので

　　　$OH' \perp BC$

　　∴　$AP \perp BC$

よって，点PはAからの垂線上にある．

同様に

$\vec{BP} = \vec{OP} - \vec{OB} = (\vec{OA} + \vec{OB} + \vec{OC}) - \vec{OB}$

　　　（H″はBCの中点）

　　　$= \vec{OA} + \vec{OC}$

　　　$= 2\vec{OH''}$　　∴　$BP \parallel OH''$

△OACは二等辺三角形より，中線と垂線が一致するので

　　　$OH'' \perp AC$

　　∴　$BP \perp AC$

よって，点PはBからの垂線上にある

点Pと点Hは一致するので
∴　$\vec{OH} = \vec{OA} + \vec{OB} + \vec{OC}$

次に

$\vec{OG} = \dfrac{\vec{OA} + \vec{OB} + \vec{OC}}{3}$ より

$\vec{OH} = 3\vec{OG}$

$\vec{GH} = \vec{OH} - \vec{OG} = 2\vec{OG}$

∴　$|\vec{GH}| = 2|\vec{OG}| = 2$

Chapter 1　2次元のベクトルの捉え方　　　内積の利用　section 1-2

$s \geq 0$, $t \geq 0$, $1 \leq s + 2t \leq 2$ を満たす s, t と，平面上の3点 O $(0, 0)$，A$(1, 2)$，B$(4, 2)$ に対して点Pを $\overrightarrow{OP} = s\overrightarrow{OA} + t\overrightarrow{OB}$ と定める．
(1) このような点Pの全体からなる図形の面積を求めよ．
(2) このようなすべての点Pに対して，内積 $\overrightarrow{OP} \cdot \overrightarrow{OA}$ がとる値の範囲を求めよ．

（室蘭工大）

解

考え方

座標
O $(0, 0)$
A $(1, 2)$
B $(4, 2)$
P (x, y)

(1)

$\overrightarrow{OP} = s\overrightarrow{OA} + t\overrightarrow{OB}$
$= \begin{pmatrix} s \\ 2s \end{pmatrix} + \begin{pmatrix} 4t \\ 2t \end{pmatrix}$
$= \begin{pmatrix} s + 4t \\ 2s + 2t \end{pmatrix}$

$\begin{pmatrix} x \\ y \end{pmatrix} = \begin{pmatrix} s + 4t \\ 2s + 2t \end{pmatrix}$

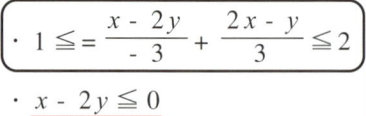

$\begin{cases} x = s + 4t \\ y = 2s + 2t \end{cases}$

$\begin{array}{ll} x = s + 4t & 2x = 2s + 8t \\ -) \; 2y = 4s + 4t & -) \; y = 2s + 2t \\ \hline x - 2y = -3s & 2x - y = 6t \end{array}$

$t = \dfrac{2x - y}{6}$

$s = \dfrac{x - 2y}{-3}$

$s \geq 0$, $t \geq 0$
$1 \leq s + 2t \leq 2$

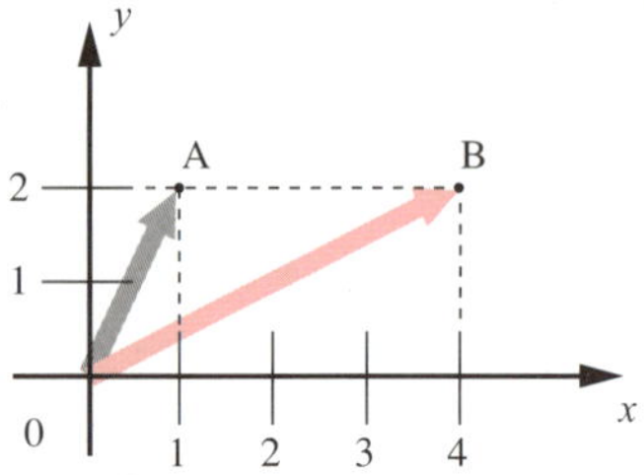

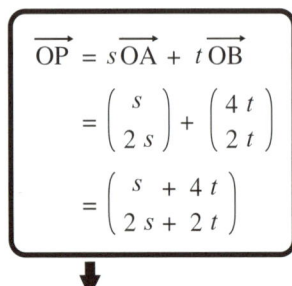

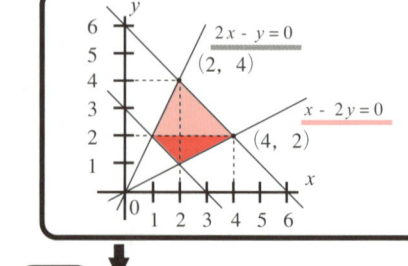

ちょっと一言
条件として明記されている式の文字について解く事が大切です．

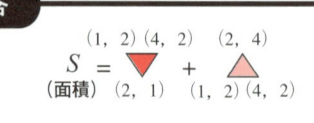

$\cdot \; 1 \leq \dfrac{x - 2y}{-3} + \dfrac{2x - y}{3} \leq 2$

$\cdot \; x - 2y \leq 0$

$\cdot \; 2x - y \geq 0$

答

$S = \blacktriangledown \begin{smallmatrix}(1,2)(4,2)\\(2,1)\end{smallmatrix} + \triangle \begin{smallmatrix}(2,4)\\(1,2)(4,2)\end{smallmatrix}$
（面積）

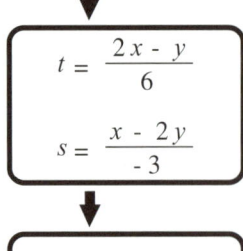

$= \dfrac{3}{2} + \dfrac{6}{2} = \dfrac{9}{2}$

Chapter 1　2次元のベクトルの捕え方　　　　内積の利用　section 1-2

別解

(1)

$1 \leq s + 2t \leq 2$ なる $s + 2s = k$ とおく（$1 \leq k \leq 2$）

$$\frac{s}{k} + \frac{2t}{k} = 1 \qquad 0 \leq \frac{s}{k} \leq 1$$

$$0 \leq \frac{2t}{k} \leq 1$$

$$\boxed{\overrightarrow{OP} = \frac{s}{k}\left(k\overrightarrow{OA}\right) + \frac{2t}{k}\left(\frac{k}{2}\overrightarrow{OB}\right)}$$

よって，$k\overrightarrow{OA}, \dfrac{k}{2}\overrightarrow{OB}$ を端点とする線分上に点Pはある

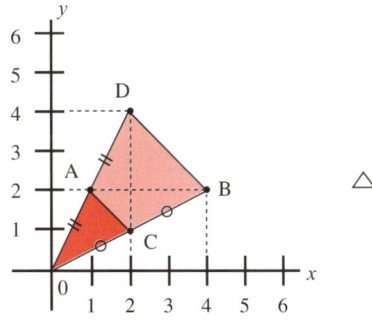

△OAC∽△ODB
相似比
$1:2$

台形ABCD

$$\overrightarrow{OA} = \begin{pmatrix} 1 \\ 2 \end{pmatrix} \quad = \quad △OBD - △OAC$$
$$\qquad\qquad\qquad = 3\,△OAC$$
$$\overrightarrow{OC} = \begin{pmatrix} 2 \\ 1 \end{pmatrix} \quad = \quad 3 \times \frac{1}{2} \cdot |1 \cdot 1 - 2 \cdot 2|$$
$$\qquad\qquad\qquad = 3 \times \frac{1}{2} \times 3 = \frac{1}{2}$$

ちょっと一言

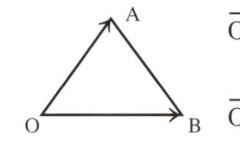

$\overrightarrow{OA} = \begin{pmatrix} a_1 \\ a_2 \end{pmatrix}$

$\overrightarrow{OB} = \begin{pmatrix} b_1 \\ b_2 \end{pmatrix}$

△OABの面積
$= \dfrac{1}{2}|a_1 b_2 - a_2 b_1|$

(2)

$$\overrightarrow{OA} \cdot \overrightarrow{OP} = \begin{pmatrix} 1 \\ 2 \end{pmatrix} \cdot \begin{pmatrix} s + 1t \\ 2s + 2t \end{pmatrix}$$

$$= (s + 4t) + 2(2s + 2t)$$

$$= 5s + 8t$$

attention　成分です

$5s + 8t = k$ とおく

$l : t = -\dfrac{5}{8}s + \dfrac{k}{8}$

$\left(\text{傾き} -\dfrac{5}{8},\ t\text{切片}\ \dfrac{k}{8}\right)$

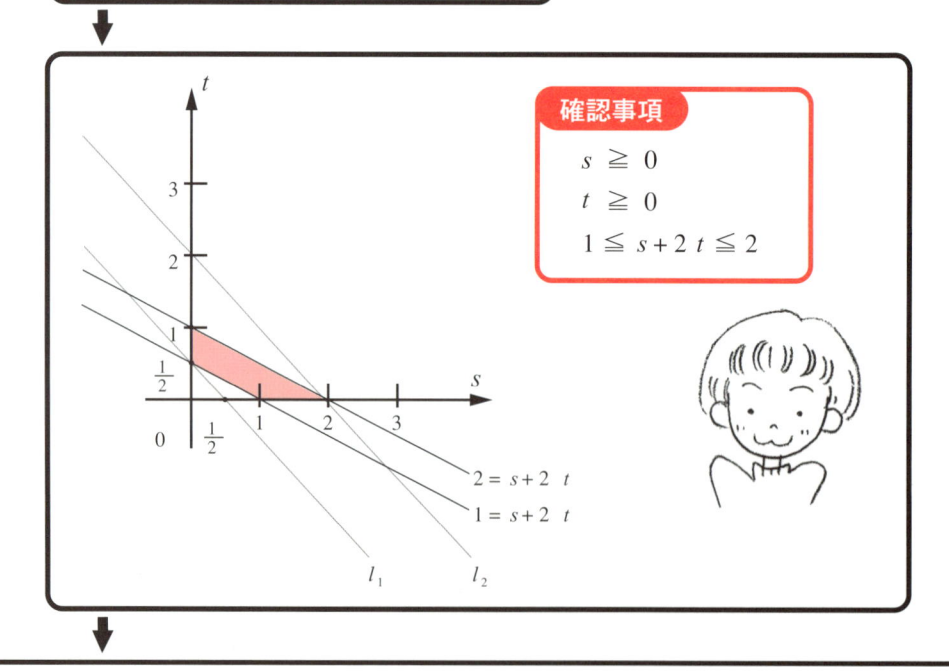

確認事項
$s \geqq 0$
$t \geqq 0$
$1 \leqq s + 2t \leqq 2$

$2 = s + 2t$
$1 = s + 2t$
l_1　l_2

図より, 直線 l の動きは $l_1 \longrightarrow l_2$　（理由・・・直線が領域と共有部分を持つので）

l_1：点 $\left(0, \dfrac{1}{2}\right)$ を通る　　$\dfrac{1}{2} = \dfrac{k}{8}$　　　　$k = 4$

l_2：点 $(2, 0)$ を通る　　　$0 = -\dfrac{5}{4} + \dfrac{k}{8}$　　$k = 10$

答

$\therefore\ 4 \leqq \overrightarrow{OA} \cdot \overrightarrow{OP} \leqq 10$

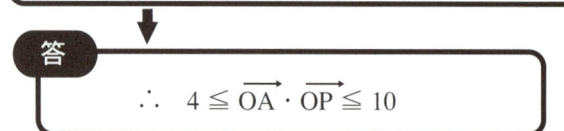

△OABが与えられている．tが0から1までの間を変化するとき，

$$\overrightarrow{OP} = t\overrightarrow{OA} + \overrightarrow{OB}, \quad \overrightarrow{OQ} = t\overrightarrow{OA} + \left(\frac{1}{2} - t\right)\overrightarrow{OB}$$

で与えられる点P，Qが描く軌跡を図示せよ． （松坂大）

解

point
ベクトルは<u>動き</u>なので<u>STARTとGOAL</u>だけ常に意識しよう．

考え方

$$\boxed{\overrightarrow{OP} = t\overrightarrow{OA} + \overrightarrow{OB}} \quad (0 \leq t \leq 1)$$

$\overrightarrow{OP}$はOをSTARTし点Bを通り，$\overrightarrow{OA}$と平行な直線上にGOALする．よって，点Pの軌跡は線分BA′となる．

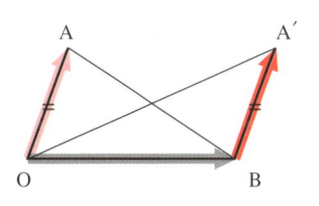

$$\overrightarrow{OQ} = t\overrightarrow{OA} + \left(\frac{1}{2} - t\right)\overrightarrow{OB} \quad (0 \leq t \leq 1)$$

$$= t\left(\overrightarrow{OA} - \overrightarrow{OB}\right) + \frac{1}{2}\overrightarrow{OB}$$

$$= t\overrightarrow{BA} + \frac{1}{2}\overrightarrow{OB}$$

$$= t\overrightarrow{BA} + \overrightarrow{OB'}$$

attention
BAは線分BAの長さ

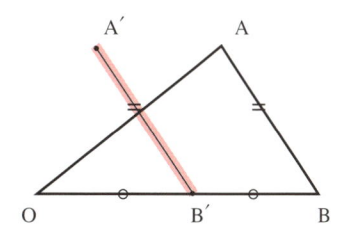

$\overrightarrow{OQ}$はOをSTARTし点B′を通り$\overrightarrow{BA}$と平行な直線でBA=B′A′となる線分B′A′上にGOALする．よって，<u>線分B′A′</u>が点Qの軌跡となる．

Chapter 1　2次元のベクトルの捉え方　　　内積の利用　section 1-2

△OABがある．$\vec{OP} = \alpha\vec{OA} + \beta\vec{OB}$で表されるベクトル$\vec{OP}$の終点Pの集合は，$\alpha$，$\beta$が次の条件を満たすとき，それぞれどのような図形を表すか．O，A，Bを適当にとって図示せよ．

(1) $\dfrac{\alpha}{2} + \dfrac{\beta}{3} = 1$，$\alpha \geqq 0$，$\beta \geqq 0$のとき．

(2) $1 \leqq \alpha + \beta \leqq 2$，$0 \leqq \alpha \leqq 1$ のとき．

(3) $\beta - \alpha = 1$，$\alpha \geqq 0$ のとき． 　　　　（愛知教大）

解

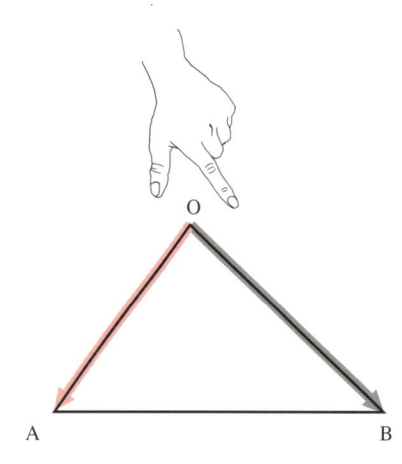

$\vec{OA} = \vec{a}$，$\vec{OB} = \vec{b}$ とおく

$\vec{OP} = \alpha\vec{a} + \beta\vec{b}$

(1)

考え方1

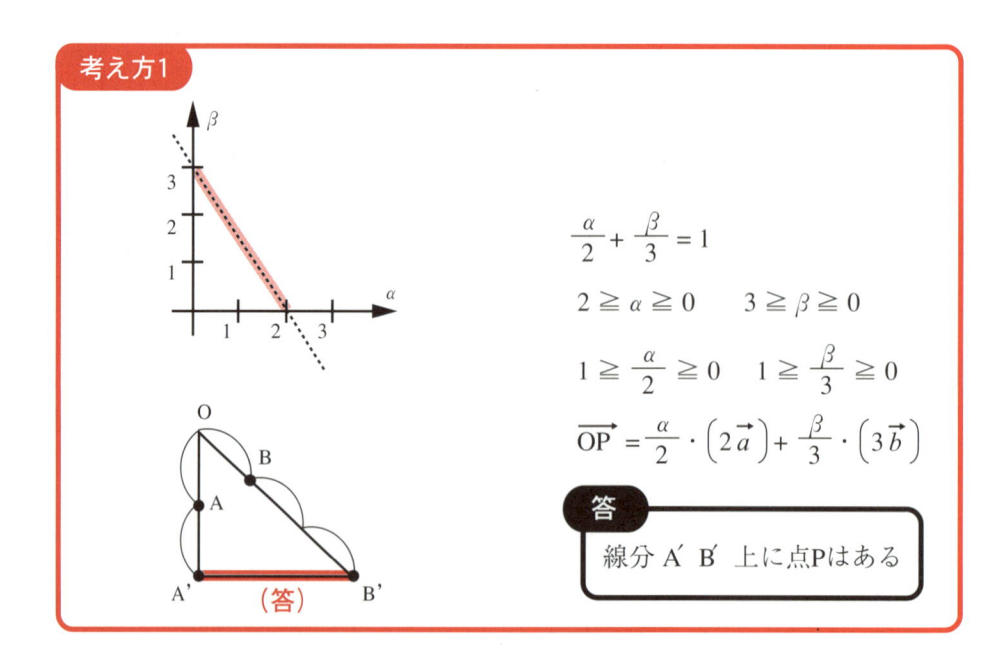

$\dfrac{\alpha}{2} + \dfrac{\beta}{3} = 1$

$2 \geqq \alpha \geqq 0$　　$3 \geqq \beta \geqq 0$

$1 \geqq \dfrac{\alpha}{2} \geqq 0$　　$1 \geqq \dfrac{\beta}{3} \geqq 0$

$\vec{OP} = \dfrac{\alpha}{2} \cdot \left(2\vec{a}\right) + \dfrac{\beta}{3} \cdot \left(3\vec{b}\right)$

答 線分 A' B' 上に点Pはある

Chapter 1 2次元のベクトルの捉え方 　　　内積の利用　section 1-2

考え方2

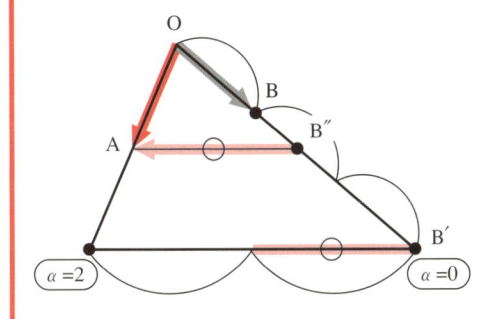

$\dfrac{\alpha}{2} + \dfrac{\beta}{3} = 1$, より

$\beta = 3\left(1 - \dfrac{\alpha}{2}\right)$

$\overrightarrow{OP} = \alpha \overrightarrow{OA} + 3\left(1 - \dfrac{\alpha}{2}\right)\overrightarrow{OB}$

$= \alpha\left(\overrightarrow{OA} - \dfrac{3}{2}\overrightarrow{OB}\right) + 3\overrightarrow{OB}$

意味

$3\overrightarrow{OB} = \overrightarrow{OB'}$ なる点 B' に行き

$3\overrightarrow{OB}$ を $\overrightarrow{OA} - \dfrac{3}{2}\overrightarrow{OB} = \overrightarrow{B''A}$

$\left(= 3\overrightarrow{OB'}\right)$

方向へ $\alpha : 0 \to 2$ までの倍率で動かす

但 $\overrightarrow{OB''} = \dfrac{3}{2}\overrightarrow{OB}$

作図

点 B' を $\overrightarrow{B''A}$ と同一方向に B' から A' まで動かす.

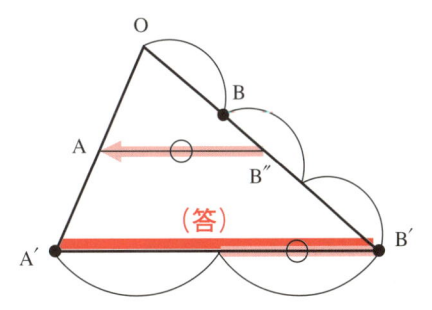

(答)

(2)

$\alpha + \beta = k$ とおく …… $1 \leqq k \leqq 2$

$\beta = k - \alpha$

$\overrightarrow{OP} = \alpha \overrightarrow{OA} + (k - \alpha)\overrightarrow{OB}$

$\phantom{\overrightarrow{OP}} = \alpha(\overrightarrow{OA} - \overrightarrow{OB}) + k\overrightarrow{OB}$

$\phantom{\overrightarrow{OP}} = \alpha \overrightarrow{BA} + k\overrightarrow{OB}$

意味

$+ k\overrightarrow{OB}$を固定して $\overrightarrow{BA}$と同じ方向へ倍率$0 \to 1$で移動する．

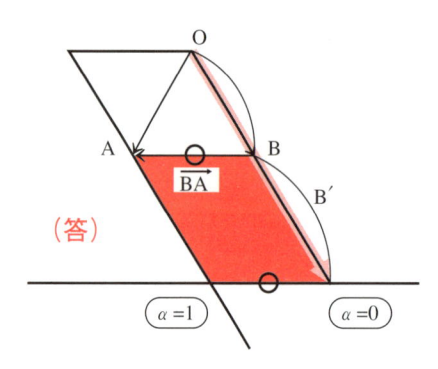

作図

点B′を $\overrightarrow{BA}$ 方向へ動かす．
（但し，$\overrightarrow{OB'} = k\overrightarrow{OB}$ とする）

(3)

$\beta - \alpha = 1, \quad \alpha \geqq 0$

$\overrightarrow{OP} = \alpha \overrightarrow{OA} + \beta \overrightarrow{OB}$

$\phantom{\overrightarrow{OP}} = \alpha \overrightarrow{OA} + (\alpha + 1)\overrightarrow{OB}$

$\phantom{\overrightarrow{OP}} = \alpha(\overrightarrow{OA} + \overrightarrow{OB}) + \overrightarrow{OB}$

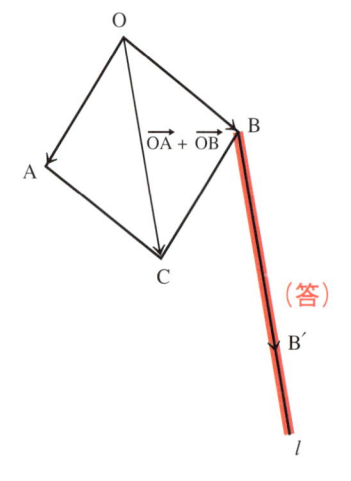

意味

$\overrightarrow{OB}$ を $\overrightarrow{OA} + \overrightarrow{OB} = \overrightarrow{OC}$ と同一方向へ平行移動する．

作図

点Bを $\overrightarrow{OC}$ と同一方向へB′のある側へ動かす．

Chapter 1　2次元のベクトルの捕え方　　　内積の利用　section 1-2

△ABCの内部に点Pを $5\vec{PA}+\vec{PB}+2\vec{PC}=\vec{0}$ をみたすようにとる．このとき，△PAB，△PBC，△PCAの面積の比は □ : □ : □ である．

（鈴鹿医療科大学・保健衛生）

解

考え方

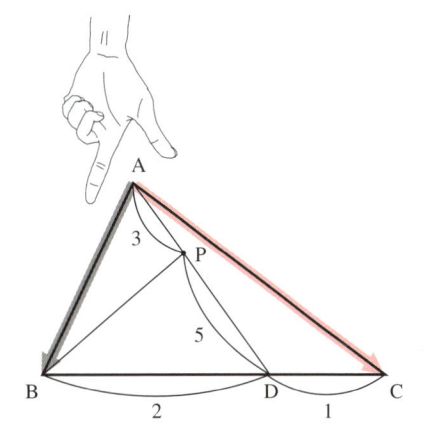

平面なのでベクトルを2つ決める
$\vec{AB}, \vec{AC}$

$5\vec{PA} + \vec{PB} + 2\vec{PC} = \vec{0}$ より

$-5\vec{AP} + (\vec{AB} - \vec{AP}) + 2(\vec{AC} - \vec{AP}) = \vec{0}$

$-8\vec{AP} + \vec{AB} + 2\vec{AC} = \vec{0}$

$\vec{AP} = \dfrac{\vec{AB} + 2\vec{AC}}{8}$

$= \dfrac{3}{8} \cdot \dfrac{\vec{AB} + 2\vec{AC}}{3}$

$= \dfrac{3}{8} \vec{AD}$

ちょっと一言

◎ $\vec{AB}, \vec{AC}$ を基準とする斜交座標軸を考えていこう．

△ABCから見た比率を考えよう

$\triangle PAB = \dfrac{3}{8} \triangle ABD = \dfrac{3}{8} \cdot \dfrac{2}{3} \triangle ABC = \dfrac{1}{4} \triangle ABC$

$\triangle PBC = \dfrac{5}{8} \triangle ABC$

$\triangle PCA = \dfrac{3}{8} \triangle ACD = \dfrac{3}{8} \cdot \dfrac{1}{3} \triangle ABC = \dfrac{1}{8} \triangle ABC$

∴ $\triangle PAB : \triangle PBC : \triangle PCA = \dfrac{1}{4} : \dfrac{5}{8} : \dfrac{1}{8}$

答 $= 2 : 5 : 1$

Chapter 1　2次元のベクトルの捉え方　　　内積の利用　section 1-2

> 四角形ABCDにおいて，$\vec{AC} = 3\vec{AB} + 4\vec{AD}$ が成り立っているとき，四角形ABCDの2本の対角線の交点をEとおくと，$\vec{AE} = \boxed{} \vec{AC}$，$\vec{BE} = \boxed{} \vec{BD}$ である．
> また，三角形ABCの面積が16のとき，三角形ACDの面積は $\boxed{}$ である．
>
> （千葉工大）

解

考え方

$\vec{AC} = 3\vec{b} + 4\vec{d}$

↓ E on BD

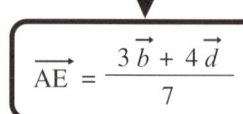

$\vec{BE} = \dfrac{4}{7}\vec{BD}$ ← BE : ED = 4 : 3

↓

$\vec{AE} = \dfrac{3\vec{b} + 4\vec{d}}{7}$

↓

$\vec{AE} = \dfrac{1}{7}\vec{AC}$

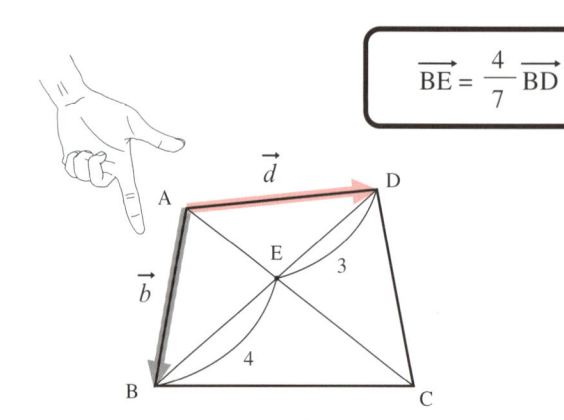

△ABCと△ACDを見る

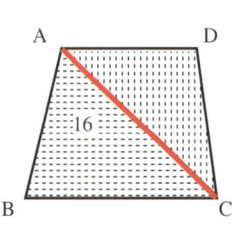

図よりACを共有しているので
　面積比　＝　高さの比

∴　△ACD $= 16 \times \dfrac{3}{4} = 12$

斜交軸の存在

△ACDの面積を求めるだけなら，Eを経由する必要はありません．
$\vec{OX} = s\vec{a} + t\vec{b}$
の (s, t) は a, b を基準とする一種の座標と考えられます．
すると，$\vec{AC} = 3\vec{AB} + 4\vec{AD}$ を満たす点Cは図のように捉えられます．△ABDの面積を s とすれば，△ABCと△ABDでABを底辺と見ると高さの比は4：1だから，△ABD $= 4s$
△ACDと△ABDで，ADを底辺と見ることにより△ACD$=3s$
∴　△ABC：△ACD $= 4 : 3$

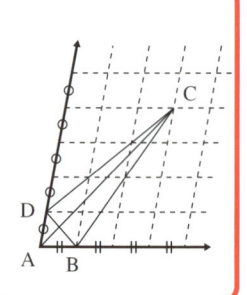

Chapter 1　2次元のベクトルの捉え方　　　　　　　内積の利用　section 1-2

平面上に△ABCがある．実数 a, b, c は条件
$$a < 0, \quad b > 0, \quad c > 0, \quad a+b+c \neq 0 \quad \cdots\cdots (*)$$
を満たし，点Pは $a\overrightarrow{PA} + b\overrightarrow{PB} + c\overrightarrow{PC} = 0$ を満たしている．また，辺BCを $c:b$ の比に内分する点をDとする．このとき，次の問に答えよ．

(1) $\overrightarrow{AD}$ を $\overrightarrow{AB}$ と $\overrightarrow{AC}$ を用いて表せ．
(2) a, b, c が条件 $(*)$ を満たしながら動くとき，Pの存在する範囲を図示せよ．
(3) $a = -1, \quad b = 2, \quad c = 3$ のとき，△ABDと△CDPの面積の比を求めよ．

（静岡大・理, 情, 工）

考え方1

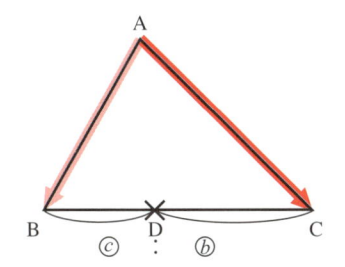

(1)

$a < 0$
$b > 0$
$c > 0$
$a + b + c \neq 0$

$$\overrightarrow{AD} = \frac{b\overrightarrow{AB} + c\overrightarrow{AC}}{c + b}$$

attention
始点を△ABCの1つの頂点とする．

(2)

$$a\overrightarrow{PA} + b\overrightarrow{PB} + b\overrightarrow{PB} = 0$$

$$-\overrightarrow{AP}(a+b+c) + b\overrightarrow{AB} + c\overrightarrow{AC} = \vec{0}$$

$$\overrightarrow{AP} = \frac{\overrightarrow{AB} + c\overrightarrow{AC}}{a+b+c}$$

$$= \frac{b+c}{a+b+c} \cdot \frac{b\overrightarrow{AB} + c\overrightarrow{AC}}{b+c} = \frac{b+c}{a+b+c}\overrightarrow{AD}$$

$b > 0,\ c > 0$ より, $\boxed{b + c} > 0$

$\dfrac{b+c}{a+b+c} > 0$ のとき (つまり, $a+b+c > 0$)

$a < 0$ より

$0 < \boxed{a+b+c} < \boxed{b+c}$
　　　分母　　　　分子

↓

$1 < \dfrac{b+c}{a+b+c}$ まで条件とされる

$a + b + c < 0$

$\dfrac{b+c}{a+b+c} < 0$ の条件のままでよい.

$b > 0,\ c > 0$ をつぎに変化させてみること.

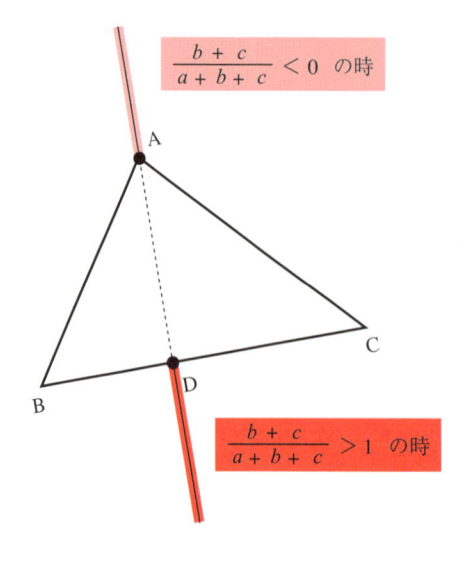

$\dfrac{b+c}{a+b+c} < 0$ の時

$\dfrac{b+c}{a+b+c} > 1$ の時

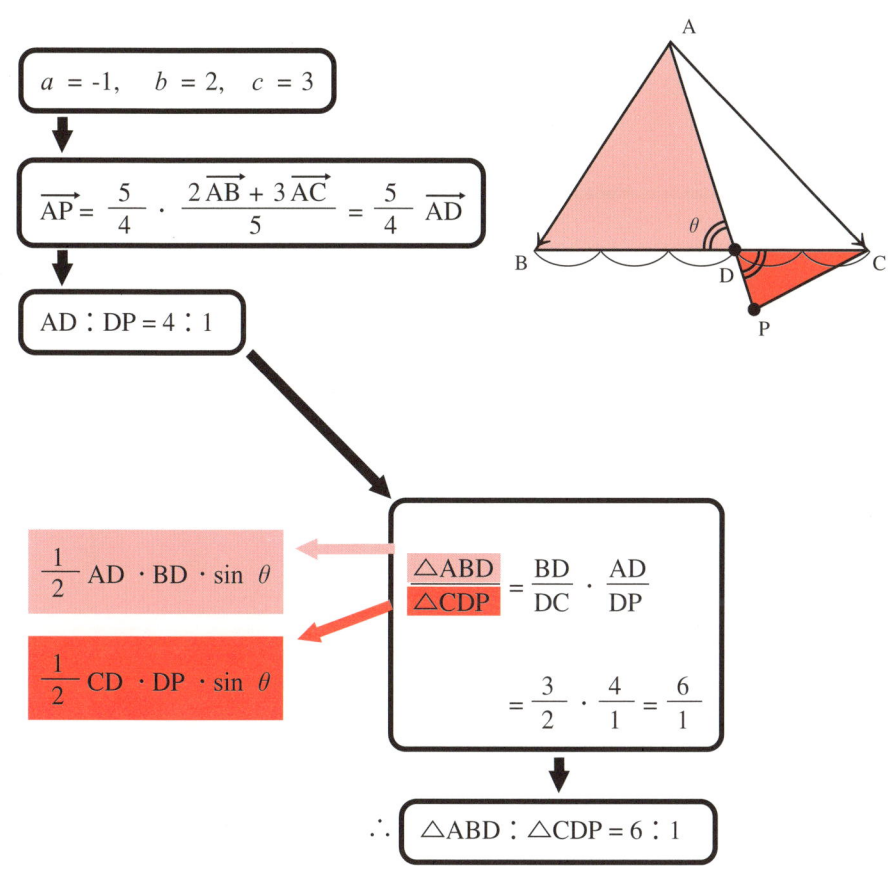

(3)

$a = -1,\quad b = 2,\quad c = 3$

↓

$\overrightarrow{AP} = \dfrac{5}{4} \cdot \dfrac{2\overrightarrow{AB} + 3\overrightarrow{AC}}{5} = \dfrac{5}{4}\overrightarrow{AD}$

↓

AD : DP = 4 : 1

↓

$\dfrac{1}{2} AD \cdot BD \cdot \sin\theta$

$\dfrac{1}{2} CD \cdot DP \cdot \sin\theta$

$\dfrac{\triangle ABD}{\triangle CDP} = \dfrac{BD}{DC} \cdot \dfrac{AD}{DP}$

$= \dfrac{3}{2} \cdot \dfrac{4}{1} = \dfrac{6}{1}$

↓

∴ △ABD : △CDP = 6 : 1

Chapter 1　2次元のベクトルの捉え方　　　　　内積の利用　section 1-2

△ABCの頂点A，B，Cと動点Pに対しY＝AP²＋BP²＋CP²とする．
(1) A，B，Cの位置ベクトルを $\vec{a}$, $\vec{b}$, $\vec{c}$とし，Pの位置ベクトルを，$\vec{x}$で表すと，
　　Y＝ ☐ となる．
(2) Yが最小になるのは，動点Pがどのような点であるときか．また，Yの最小値を三角形の3辺の長さで表しなさい．　　　　　　　　　(大阪薬大)

考え方

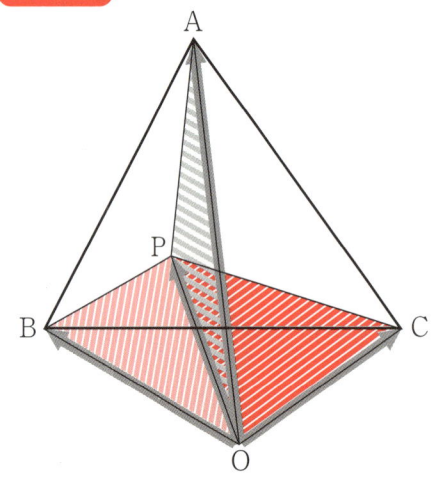

確認事項

$|\vec{x}|^2 = \vec{x} \cdot \vec{x}$

$|\vec{a} + \vec{b}|^2 = |\vec{a}|^2 - 2\,\boxed{\vec{a} \cdot \vec{b}} + |\vec{b}|^2$

内積の角度表現　　　成分表現

$|\vec{a}| \cdot |\vec{b}| \cdot \cos\theta$　　　$a_1 b_1 + a_2 b_2$

(1)
$$Y = AP^2 + BP^2 + CP^2$$
$$= |\overrightarrow{OP} - \overrightarrow{OA}|^2 + |\overrightarrow{OP} - \overrightarrow{OB}|^2 + |\overrightarrow{OP} - \overrightarrow{OC}|^2$$
$$= |\vec{x} - \vec{a}|^2 + |\vec{x} - \vec{b}|^2 + |\vec{x} - \vec{c}|^2$$
$$= 3|\vec{x}|^2 - 2(\vec{a} + \vec{b} + \vec{c}) \cdot \vec{x} + |\vec{a}|^2 + |\vec{b}|^2 + |\vec{c}|^2$$

(2)　"Yの最小値について考えたい"

$$Y = 3|\vec{x}|^2 - 2(\vec{a} + \vec{b} + \vec{c}) \cdot \vec{x} + |\vec{a}|^2 + |\vec{b}|^2 + |\vec{c}|^2$$
$$= 3\left|\vec{x} - \frac{1}{3}(\vec{a} + \vec{b} + \vec{c})\right|^2 - \frac{1}{3}|\vec{a} + \vec{b} + \vec{c}|^2 + |\vec{a}|^2 + |\vec{b}|^2 + |\vec{c}|^2$$

確認事項

2次関数の変形

Chapter 1　2次元のベクトルの捉え方　　　内積の利用　section 1-2

この式より

$\vec{x} = \dfrac{1}{3}(\vec{a} + \vec{b} + \vec{c})$ のとき

最小値

$-\dfrac{1}{3}|\vec{a} + \vec{b} + \vec{c}|^2 + |\vec{a}|^2 + |\vec{b}|^2 + |\vec{c}|^2$

$= -\dfrac{1}{3}(|\vec{a}|^2 + |\vec{b}|^2 + |\vec{c}|^2 + 2\vec{a}\cdot\vec{b} + 2\vec{b}\cdot\vec{c} + 2\vec{c}\cdot\vec{a}) + |\vec{a}|^2 + |\vec{b}|^2 + |\vec{c}|^2$

$= \dfrac{2}{3}(|\vec{a}|^2 + |\vec{b}|^2 + |\vec{c}|^2 - \vec{a}\cdot\vec{b} - \vec{b}\cdot\vec{c} - \vec{c}\cdot\vec{a})$

$= \dfrac{1}{3}(|\vec{a} - \vec{b}|^2 + |\vec{b} - \vec{c}|^2 + |\vec{c} - \vec{a}|^2)$

↓

点Pが△ABCの重心のとき

Yの最小値は $\dfrac{1}{3}(AB^2 + BC^2 + CA^2)$ となる．

Chapter 1　2次元のベクトルの捉え方　　内積の利用　section 1-2

△ABCは点Oを中心とする半径1の円に内接していて $3\overrightarrow{OA} + 4\overrightarrow{OB} + 5\overrightarrow{OC} = \vec{0}$ を満たしているとする．
(1) 内積 $\overrightarrow{OA} \cdot \overrightarrow{OB}$, $\overrightarrow{OB} \cdot \overrightarrow{OC}$, $\overrightarrow{OC} \cdot \overrightarrow{OA}$ を求めよ．
(2) △ABCの面積を求めよ．　　　　　　　　（高知大・教，農）

解

考え方

(1)

$\overrightarrow{OA} = \vec{a}$, $\overrightarrow{OB} = \vec{b}$, $\overrightarrow{OC} = \vec{c}$ とおく．

$3\overrightarrow{OA} + 4\overrightarrow{OB} + 5\overrightarrow{OC} = \vec{0}$

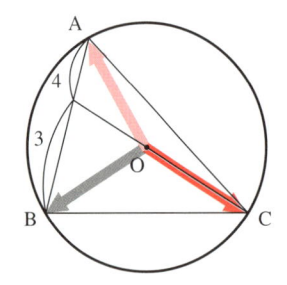

$$\overrightarrow{OC} = \frac{-3\overrightarrow{OA} - 4\overrightarrow{OB}}{5}$$

$$\overrightarrow{OB} = \frac{-3\overrightarrow{OA} - 5\overrightarrow{OC}}{4}$$

$$\overrightarrow{OA} = \frac{-4\overrightarrow{OB} - 5\overrightarrow{OC}}{3}$$

$$|\overrightarrow{OC}|^2 = \frac{9 + 24\,\vec{a} \cdot \vec{b} + 16}{25}$$

$$|\overrightarrow{OB}|^2 = \frac{9 + 30\,\vec{a} \cdot \vec{c} + 25}{16}$$

$$|\overrightarrow{OA}|^2 = \frac{16 + 40\,\vec{b} \cdot \vec{c} + 25}{9}$$

もう一度確認
$|\overrightarrow{OC}|^2 = \overrightarrow{OC} \cdot \overrightarrow{OC}$

図の特徴
$|\overrightarrow{OB}| = 1$
$|\overrightarrow{OC}| = 1$
$|\overrightarrow{OA}| = 1$

代入

$\vec{a} \cdot \vec{b} = 0$

$\vec{b} \cdot \vec{c} = -\dfrac{32}{40} = -\dfrac{4}{5}$

$\vec{a} \cdot \vec{c} = -\dfrac{18}{30} = -\dfrac{3}{5}$

— 48 —

(2)

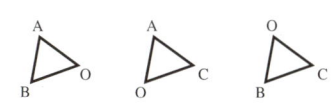

△ABC = △OAB + △OAC + △OBC

$$= \frac{1}{2} \cdot 1 \cdot 1 \sin \angle AOB + \frac{1}{2} \cdot 1 \cdot 1 \sin \angle AOC + \frac{1}{2} \cdot 1 \cdot 1 \sin \angle BOC$$

$$= \frac{1}{2} + \frac{2}{5} + \frac{3}{10} = \frac{12}{10} = \frac{6}{5}$$

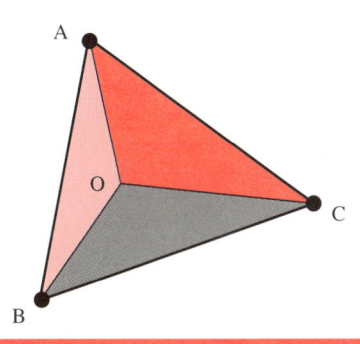

理由

$\vec{a} \cdot \vec{b} = 0$

∠AOB = 90°

$\vec{a} \cdot \vec{c} = -\frac{3}{5}$

$$\cos \angle AOC = \frac{\vec{a} \cdot \vec{c}}{|\vec{a}| \cdot |\vec{c}|} = -\frac{3}{5} \quad より$$

$$\sin \angle AOC = \frac{4}{5}$$

$\vec{b} \cdot \vec{c} = -\frac{4}{5}$

$$\cos \angle BOC = \frac{\vec{b} \cdot \vec{c}}{|\vec{b}| \cdot |\vec{c}|} = -\frac{4}{5} \quad より$$

$$\sin \angle BOC = \frac{3}{5}$$

Chapter 1　2次元のベクトルの捉え方　　内積の利用　section 1-2

三角形ABCにおいて，CA = 3，CB = 2，∠ACB = 60°であるとする．
$\vec{CA} = \vec{a}$, $\vec{CB} = \vec{b}$とおくと，内積$\vec{a} \cdot \vec{b}$の値は ☐ である．また，三角形ABCの外接円の中心をPとし，$\vec{CP} = \vec{p}$とおくと，$\vec{p} =$ ☐ $\vec{a} +$ ☐ $\vec{b}$である．

（関西学院大・経）

解

考え方

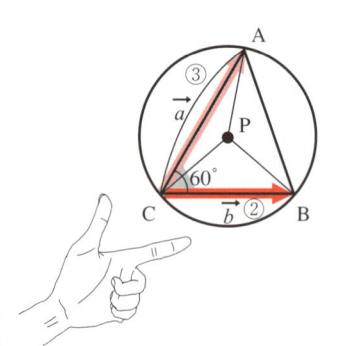

$\vec{a} \cdot \vec{b} = 3 \cdot 2 \cdot \cos 60° = 3$

図の特徴

円・・・半径3本ある
　　　　CP，AP，BP

$\vec{CP} = m\vec{a} + n\vec{b}$

$|\vec{x}|^2 = \vec{x} \cdot \vec{x}$ の利用

$|\vec{CP}|^2 = (m\vec{a} + n\vec{b}) \cdot (m\vec{a} + n\vec{b})$
　　　　$= 9m^2 + 4n^2 + 6mn$

$|\vec{AP}|^2 = |\vec{CP} - \vec{CA}|^2$
　　　$= |(m-1)\vec{a} + n\vec{b}|^2 = \{(m-1)\vec{a} + n\vec{b}\} \cdot \{(m-1)\vec{a} + n\vec{b}\}$
　　　$= 9(m-1)^2 + 4n^2 + 6n(m-1)$

$|\vec{BP}|^2 = |\vec{CP} - \vec{CB}|^2$
　　　$= |m\vec{a} + (n-1)\vec{b}|^2 = \{m\vec{a} + (n-1)\vec{b}\} \cdot \{m\vec{a} + (n-1)\vec{b}\}$
　　　$= 9m^2 + 4(n-1)^2 + 6m(n-1)$

$|\vec{CP}|^2 = |\vec{AP}|^2 = |\vec{BP}|^2$

$\begin{cases} 9m^2 + 4n^2 + 6mn = 9(m-1)^2 + 4n^2 + 6n(m-1) \\ 9m^2 + 4n^2 + 6mn = 9m^2 + 4(n-1)^2 + 6m(n-1) \end{cases}$

$$\begin{cases} 9(-2m+1)-6n=0 \\ 4(-2n+1)-6m=0 \end{cases}$$

$$\begin{cases} -6m+3-2n=0 \\ -3m+2-4n=0 \end{cases}$$

$$\begin{array}{r} -6m+3-2n=0 \\ -)\ -6m+4-8n=0 \\ \hline -1+6n=0 \end{array}$$

$$n=\frac{1}{6}$$

$$-6m+3-\frac{1}{3}=0$$

$$-6m=-\frac{8}{3}$$

$$m=\frac{4}{9}$$

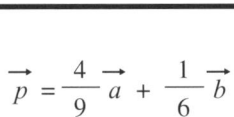

$$\vec{p}=\frac{4}{9}\vec{a}+\frac{1}{6}\vec{b}$$

Section 1-3

"垂直"は,式でどう表現するの？

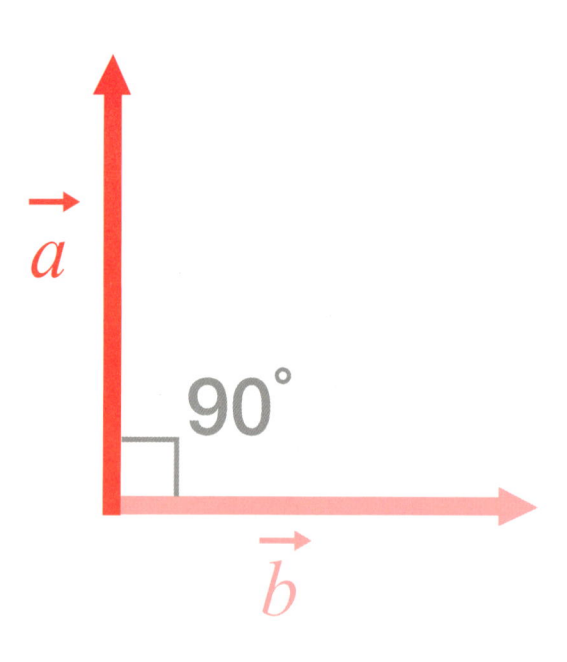

$\vec{a}$

90°

$\vec{b}$

A，B，Cは平面上の相異なる3点であって同一直線上にはないとする．このときその平面上の点Pで
$$PA^2 - 3(\overrightarrow{PA}, \overrightarrow{PB}) + 2(\overrightarrow{PA}, \overrightarrow{PC}) - 6(\overrightarrow{PB}, \overrightarrow{PC}) = 0$$
という関係を満足するものの集合はどのような図形になるかを説明し，かつそれを図示せよ． (九大)

解

条件式を整理すると，
$$\overrightarrow{PA} \cdot (\overrightarrow{PA} - 3\overrightarrow{PB}) + 2\overrightarrow{PC} \cdot (\overrightarrow{PA} - 3\overrightarrow{PB}) = 0$$

$$(\overrightarrow{PA} - 3\overrightarrow{PB}) \cdot (\overrightarrow{PA} + 2\overrightarrow{PC}) = 0$$

point
不明のPが始点のままではよくわからないので
始点を定点(A)にしよう．

attention
$(\overrightarrow{PA}, \overrightarrow{PB})$は
$\overrightarrow{PA} \cdot \overrightarrow{PB}$ (内積)
です．

$$\{-\overrightarrow{AP} - 3(\overrightarrow{AB} - \overrightarrow{AP})\} \cdot \{-\overrightarrow{AP} + 2(\overrightarrow{AC} - \overrightarrow{AP})\} = 0$$

$$(2\overrightarrow{AP} - 3\overrightarrow{AB}) \cdot (-3\overrightarrow{AP} + 2\overrightarrow{AC}) = 0$$

$$(\overrightarrow{AP} - \frac{3}{2}\overrightarrow{AB}) \cdot (\overrightarrow{AP} - \frac{2}{3}\overrightarrow{AC}) = 0$$

$$\therefore \overrightarrow{AP} - \frac{3}{2}\overrightarrow{AB} \perp \overrightarrow{AP} - \frac{2}{3}\overrightarrow{AC}$$

$\dfrac{3}{2}\overrightarrow{AB} = \overrightarrow{AD}$, $\dfrac{2}{3}\overrightarrow{AC} = \overrightarrow{AE}$ とおくと
$$\overrightarrow{AP} - \overrightarrow{AD} \perp \overrightarrow{AP} - \overrightarrow{AE}\ \ となる$$
$$\therefore \overrightarrow{DP} \perp \overrightarrow{EP}$$

よって，点PはDEを直径とする円周を描く．
理由・・・直径に対する円周角は90°

但し
点D・・・線分ABを3：1に外分する点
点E・・・線分ACを2：1に内分する点

Chapter 1　2次元のベクトルの捉え方　　"垂直"は，式でどう表現するの？　section 1-3

2つのベクトル $\vec{a} = (1, 2), \vec{b} = \left(1, -\dfrac{2}{7}\right)$ のなす角を二等分する単位ベクトル $\vec{c}$ を求めよ． (芝浦工大・工)

解

考え方

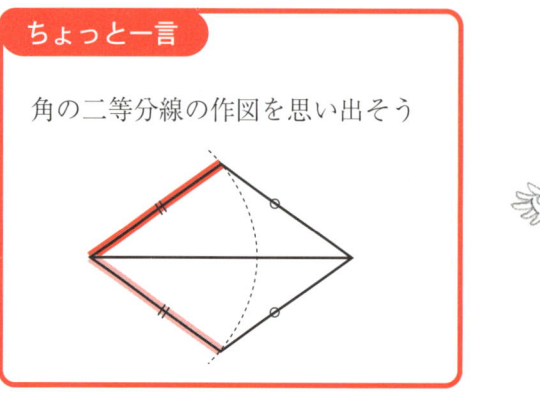

ちょっと一言

角の二等分線の作図を思い出そう

$\vec{a} = (1, 2)$

$\vec{b} = \left(1, -\dfrac{2}{7}\right)$

$|\vec{a}| = \sqrt{5}$

$|\vec{b}| = \dfrac{\sqrt{5}}{2}$

より

$2|\vec{b}| = |\vec{a}|$

$\sqrt{1 + \dfrac{1}{4}} = \dfrac{\sqrt{5}}{2}$

$\vec{d} = \vec{a} + 2\vec{b}$
　$= (1, 2) + (2, -1)$
　$= (3, 1)$

$|\vec{d}| = \sqrt{10}$

線分の長さ

$\vec{c} = \left(\pm \dfrac{3}{\sqrt{10}}, \pm \dfrac{1}{\sqrt{10}}\right)$
(複号同順)

Chapter 1 2次元のベクトルの捉え方　　　"垂直"は，式でどう表現するの？　section 1-3

2つのベクトル $\vec{a}=(2, 2)$ と $\vec{b}=(x, 2)$ のなす角が $60°$ であるとき，$x = \boxed{}$ である．
　　　　　　　　　　　　　　　　　　　　　　　　　　　　（神奈川大　理・工）

解

考え方

> **ちょっと一言**
> 角度を考えるとき……"内積の利用"と反射的に反応しよう

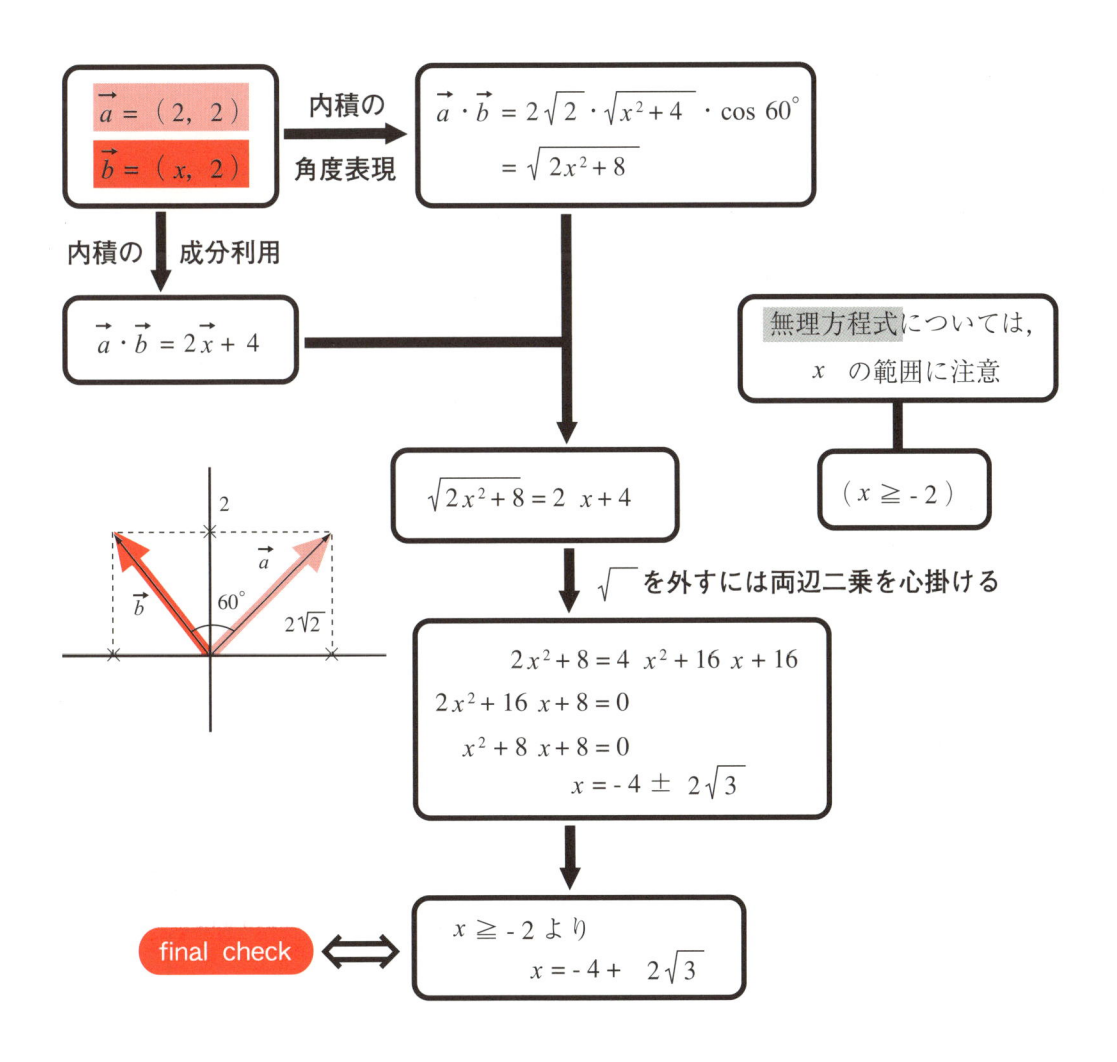

$\vec{a}=(2, 2)$
$\vec{b}=(x, 2)$
　→ 内積の角度表現 →　$\vec{a}\cdot\vec{b} = 2\sqrt{2}\cdot\sqrt{x^2+4}\cdot\cos 60°$
　　　　　　　　　　　　　　$= \sqrt{2x^2+8}$

↓ 内積の成分利用

$\vec{a}\cdot\vec{b} = 2x+4$

無理方程式については，x の範囲に注意

$(x \geqq -2)$

$\sqrt{2x^2+8} = 2x+4$

$\sqrt{}$ を外すには両辺二乗を心掛ける

$2x^2+8 = 4x^2+16x+16$
$2x^2+16x+8 = 0$
$x^2+8x+8 = 0$
$x = -4 \pm 2\sqrt{3}$

final check ⟺ $x \geqq -2$ より
　　　　　　　　　$x = -4 + 2\sqrt{3}$

Chapter 1 2次元のベクトルの捕え方　　　"垂直"は，式でどう表現するの？ section 1-3

点Oを原点とする座標平面上に4点 $A\left(\dfrac{4}{3}, \dfrac{5}{3}\right)$, $B(1, 2)$, $C\left(\dfrac{2}{3}, \dfrac{4}{3}\right)$, $D(3, 1)$ があり，動点$P(x, y)$は $\overrightarrow{OP} = l\overrightarrow{OA} + m\overrightarrow{OB} + n\overrightarrow{OC}$ ($l+m+n=2$, $l \geqq 0$, $m \geqq 0$) を満たすとき，
(1) 動点Pのえがく図形を座標平面上に図示せよ．
(2) (1)で求めた図形上の点で，点Dとの距離が最小になる点の座標を求めよ．
　　　　　　　　　　　　　　　　　　　　　　　　　　（武蔵工大）

考え方

(1) $\overrightarrow{OP} = l\overrightarrow{OA} + m\overrightarrow{OB} + (2-l-m)\overrightarrow{OC} = l(\overrightarrow{OA} - \overrightarrow{OC}) + m(\overrightarrow{OB} - \overrightarrow{OC}) + 2\overrightarrow{OC}$
$\quad\quad\quad = l\overrightarrow{CA} + m\overrightarrow{CB} + 2\overrightarrow{OC}$

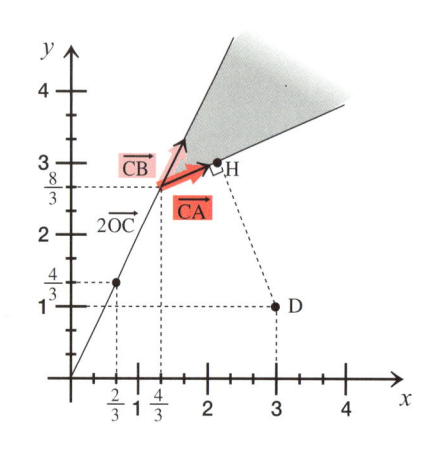

$\overrightarrow{CB} = \begin{pmatrix} \dfrac{1}{3} \\ \dfrac{2}{3} \end{pmatrix}$

$\overrightarrow{CA} = \begin{pmatrix} \dfrac{2}{3} \\ \dfrac{1}{3} \end{pmatrix}$

染まってる部分が答えだよ！

attention
横書き (a, b) …… 座標
縦書き $\begin{pmatrix} a \\ b \end{pmatrix}$ …… ベクトル成分

(2) 《座標…位置ベクトル》で進めていく．
　　求めるべき点は上図の点Hである．

$\overrightarrow{OH} = 2\overrightarrow{OC} + l\overrightarrow{CA} = \begin{pmatrix} \dfrac{4}{3} + \dfrac{2}{3}l \\ \dfrac{8}{3} + \dfrac{1}{3}l \end{pmatrix}$ （＊）

確認
$\vec{a} = \begin{pmatrix} a_1 \\ a_2 \end{pmatrix}$, $\vec{b} = \begin{pmatrix} b_1 \\ b_2 \end{pmatrix}$ の時
$\vec{a} \cdot \vec{b} = a_1 b_1 + a_2 b_2$

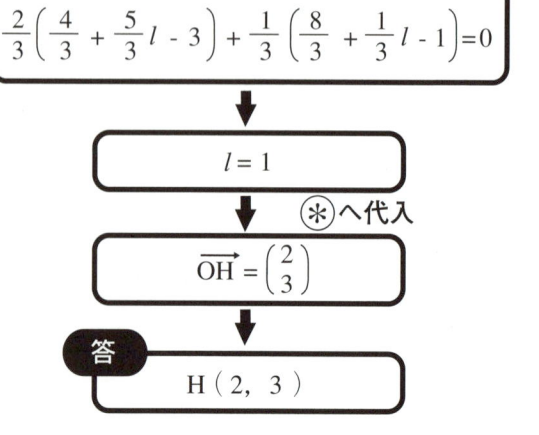

↓

$\overrightarrow{DH} \perp \overrightarrow{CA}$ より $\overrightarrow{DH} \cdot \overrightarrow{CA} = 0$

↓

$(\overrightarrow{OH} - \overrightarrow{OD}) \cdot \overrightarrow{CA} = 0$

↓

$\begin{pmatrix} \dfrac{4}{3} + \dfrac{5}{3}l - 3 \\ \dfrac{8}{3} + \dfrac{1}{3}l - 1 \end{pmatrix} \cdot \begin{pmatrix} \dfrac{2}{3} \\ \dfrac{1}{3} \end{pmatrix} = 0$

→ $\dfrac{2}{3}\left(\dfrac{4}{3} + \dfrac{5}{3}l - 3\right) + \dfrac{1}{3}\left(\dfrac{8}{3} + \dfrac{1}{3}l - 1\right) = 0$

↓

$l = 1$

↓ （＊）へ代入

$\overrightarrow{OH} = \begin{pmatrix} 2 \\ 3 \end{pmatrix}$

↓

答 $H(2, 3)$

Section 1-4

ベクトルの世界へ
関係をもつのは
三角関数の世界です

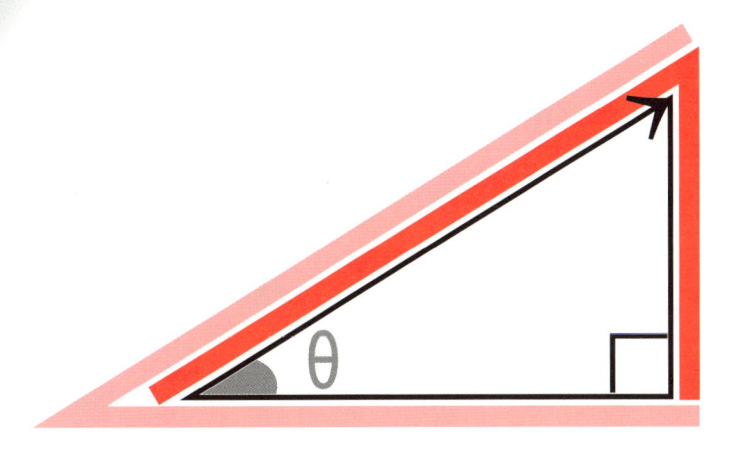

四角形ABCDの対角線の交点Oに対して，OA = OC = 2，OB = 1，OD = 3とする．
(1) ベクトルの内積の和
$\vec{OA} \cdot \vec{OB} + \vec{OB} \cdot \vec{OC} + \vec{OC} \cdot \vec{OD} + \vec{OD} \cdot \vec{OA}$を求めよ．
(2) 直線ABと直線CDが垂直のとき，4角形ABCDの面積 を求めよ．

（埼玉大・教，経）

解

(1)

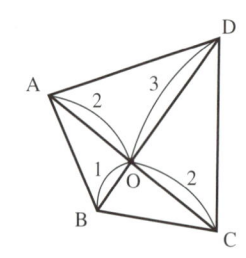

$\vec{OA} \cdot \vec{OB} + \vec{OB} \cdot \vec{OC} + \vec{OC} \cdot \vec{OD} + \vec{OD} \cdot \vec{OA}$
$= \vec{OB} \cdot (\vec{OA} + \vec{OC}) + \vec{OD} \cdot (\vec{OC} + \vec{OA})$
$= (\vec{OB} + \vec{OD}) \cdot (\vec{OC} + \vec{OA})$
$= 0$

（∵ 図より $\vec{OA} = -\vec{OC}$）

(2)

AB⊥CD ⇒ $\vec{AB} \cdot \vec{CD} = 0$

$(\vec{OB} - \vec{OA}) \cdot (\vec{OD} - \vec{OC}) = 0$

$(\vec{OB} - \vec{OA}) \cdot (-3\vec{OB} + \vec{OA}) = 0$

展開

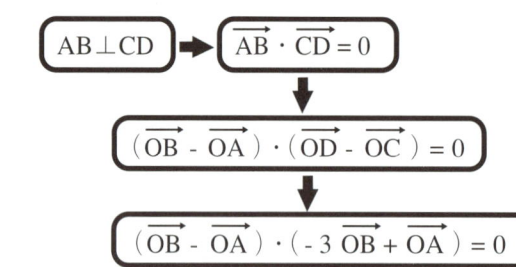

$-3|\vec{OB}|^2 + 4\vec{OA} \cdot \vec{OB} - |\vec{OA}|^2 = 0$
$-3 + 4\vec{OA} \cdot \vec{OB} - 4 = 0$
$\vec{OA} \cdot \vec{OB} = \dfrac{7}{4}$

ちょっと一言

4角形と書かれている時は平行四辺形の様に描いてはダメ

$\vec{OA} \cdot \vec{OB} = 2 \cdot 1 \cos \angle AOB = \dfrac{7}{4}$
∴ $\cos \angle AOB = \dfrac{7}{8}$
∴ $\sin \angle AOB = \dfrac{\sqrt{15}}{8}$

確認しよう

$\vec{OB} \cdot \vec{OB} = |\vec{OB}|^2$

$S = \dfrac{1}{2} \cdot \dfrac{\sqrt{15}}{8} (2 + 2 + 6 + 6) = \dfrac{1}{2} \cdot \dfrac{\sqrt{15}}{8} \cdot 16 = \sqrt{15}$
（∵ △OAB + △OBC + △OCD + △OAD）

Chapter 1　2次元のベクトルの捉え方　　ベクトルの世界へ関係をもつのは三角関数の世界です　　section 1-4

ベクトル $\vec{a}, \vec{b}$ が $|\vec{a}+\vec{b}|=8$, $|\vec{a}-\vec{b}|=6$ を満たし，$\vec{a}+\vec{b}$ と $\vec{a}-\vec{b}$ が直交しているとき，$\vec{a}\cdot\vec{b}=\boxed{}$, $|\vec{a}|=\boxed{}$, $|\vec{b}|=\boxed{}$ である．また，$\vec{a}$ と $\vec{b}$ のなす角を θ とするとき，$\cos\theta=\boxed{}$ である．　　　　（関西学院大・法）

解

考え方

$|\vec{a}+\vec{b}|=8$
$(\vec{a}+\vec{b})\cdot(\vec{a}+\vec{b})=64$
$|\vec{a}|^2+2\vec{a}\cdot\vec{b}+|\vec{b}|^2=64$ ……①

$|\vec{a}-\vec{b}|=6$
$(\vec{a}-\vec{b})\cdot(\vec{a}-\vec{b})=36$
$|\vec{a}|^2-2\vec{a}\cdot\vec{b}+|\vec{b}|^2=36$ ……②

$\vec{a}+\vec{b}\perp\vec{a}-\vec{b}$
$(\vec{a}+\vec{b})\cdot(\vec{a}-\vec{b})=0$
$|\vec{a}|^2-|\vec{b}|^2=0 \quad |\vec{a}|=|\vec{b}|$ ……③

①-②
$4\vec{a}\cdot\vec{b}=28$
$\vec{a}\cdot\vec{b}=7$　**答**

①へ③と共に代入
$2|\vec{a}|^2+14=64$
$2|\vec{a}|^2=50$
$|\vec{a}|=5, \quad |\vec{b}|=5$　**答**

$\cos\theta=\dfrac{\vec{a}\cdot\vec{b}}{|\vec{a}|\cdot|\vec{b}|}=\dfrac{7}{25}$　**答**

Chapter 1　2次元のベクトルの捉え方　　ベクトルの世界へ関係をもつのは三角関数の世界です　　section 1-4

△OABにおいて,
　OA = 5,　OB = 4,　∠AOB = 60°
とし, 点Oから辺ABに下ろした垂線の足をHとする. $\overrightarrow{OA} = \vec{a}$, $\overrightarrow{OB} = \vec{b}$とおくとき, $\overrightarrow{OH}$を$\vec{a}, \vec{b}$を用いて表せ.　　　　　　　　　　（茨城大）

解

考え方

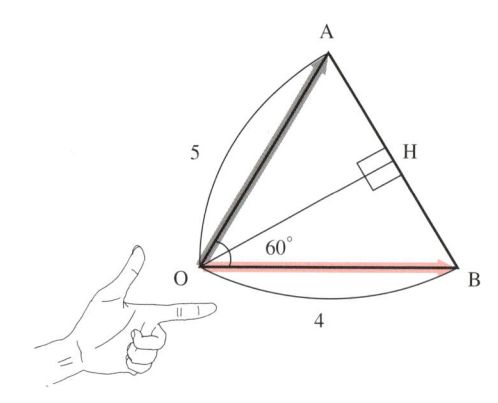

$\vec{a} \cdot \vec{b} = 5 \times 4 \times \cos 60°$
$\phantom{\vec{a} \cdot \vec{b}} = 10$

$\overrightarrow{OH} = s\vec{a} + (1-s)\vec{b}$とおくと, $(0 < s < 1)$

$\overrightarrow{AH} = \overrightarrow{OH} - \overrightarrow{OA} = (s-1)\vec{a} + (1-s)\vec{b}$

$\overrightarrow{OH} \cdot \overrightarrow{AH} = 0$ より

$\{s\vec{a} + (1-s)\vec{b}\} \cdot \{(s-1)\vec{a} + (1-s)\vec{b}\} = 0$

$s(s-1)\vec{a} \cdot \vec{a} + (1-s)^2 \vec{b} \cdot \vec{b} + \{s(1-s) + (1-s)(s-1)\}\vec{a} \cdot \vec{b} = 0$

$25s(s-1) + 16(1-s)^2 + 10(-2s^2 - 1 + 3s) = 0$

$21s^2 - 27s + 6 = 0$

$7s^2 - 9s + 2 = 0$

$(7s - 2)(s - 1) = 0$

$s = \dfrac{2}{7}$, $s = 1$

$0 < s < 1$ より

$s = \dfrac{2}{7}$

答
$\overrightarrow{OH} = \dfrac{2}{7}\vec{a} + \dfrac{5}{7}\vec{b}$

Chapter 1 2次元のベクトルの捕え方　　ベクトルの世界へ関係をもつのは三角関数の世界です　section 1-4

$AB = 2AC$, $\cos A = \dfrac{9}{16}$ の $\triangle ABC$ において BC を直径とする半円を BC に関して頂点 A と反対側に作る．辺 BC を $2:1$ に内分する点を P とし，直線 AP と半円との交点を Q とするとき，
$\overrightarrow{AQ} = \alpha\overrightarrow{AB} + \beta\overrightarrow{AC}$ とすれば，$\alpha = \boxed{}$ であり，$AP : PQ = \boxed{} : \boxed{}$ である．

（東京薬大・薬）

考え方

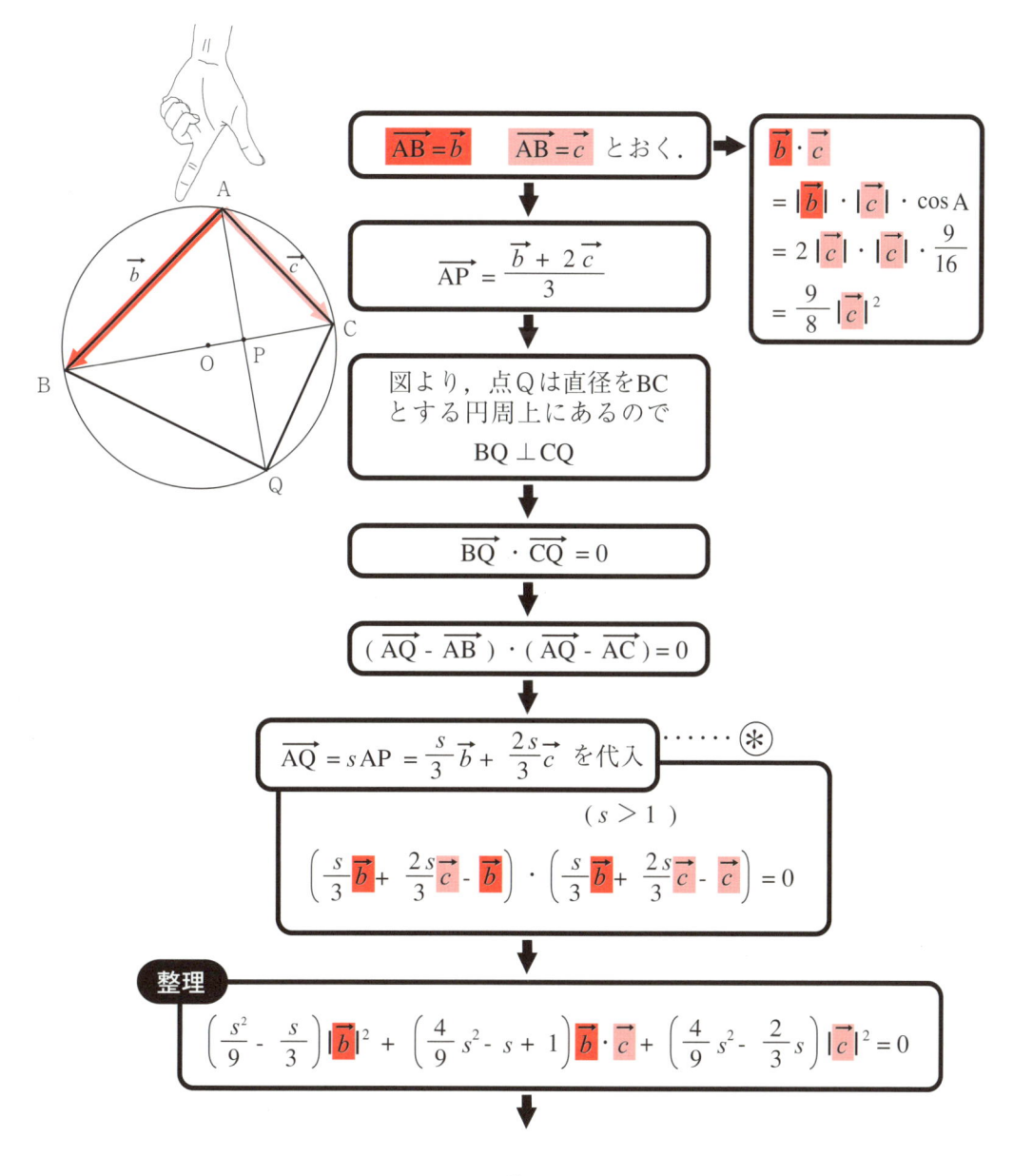

$\overrightarrow{AB} = \vec{b}$　　$\overrightarrow{AB} = \vec{c}$　とおく．

$\vec{b} \cdot \vec{c}$
$= |\vec{b}| \cdot |\vec{c}| \cdot \cos A$
$= 2|\vec{c}| \cdot |\vec{c}| \cdot \dfrac{9}{16}$
$= \dfrac{9}{8}|\vec{c}|^2$

$\overrightarrow{AP} = \dfrac{\vec{b} + 2\vec{c}}{3}$

図より，点 Q は直径を BC とする円周上にあるので $BQ \perp CQ$

$\overrightarrow{BQ} \cdot \overrightarrow{CQ} = 0$

$(\overrightarrow{AQ} - \overrightarrow{AB}) \cdot (\overrightarrow{AQ} - \overrightarrow{AC}) = 0$

$\overrightarrow{AQ} = s\overrightarrow{AP} = \dfrac{s}{3}\vec{b} + \dfrac{2s}{3}\vec{c}$ を代入 ……㊟

$(s > 1)$

$\left(\dfrac{s}{3}\vec{b} + \dfrac{2s}{3}\vec{c} - \vec{b}\right) \cdot \left(\dfrac{s}{3}\vec{b} + \dfrac{2s}{3}\vec{c} - \vec{c}\right) = 0$

整理

$\left(\dfrac{s^2}{9} - \dfrac{s}{3}\right)|\vec{b}|^2 + \left(\dfrac{4}{9}s^2 - s + 1\right)\vec{b} \cdot \vec{c} + \left(\dfrac{4}{9}s^2 - \dfrac{2}{3}s\right)|\vec{c}|^2 = 0$

$$|\vec{b}| = 2|\vec{c}|, \quad \vec{b} \cdot \vec{c} = 2|\vec{c}| \cdot |\vec{c}| \cdot \cos A$$
$$= 2|\vec{c}| \cdot |\vec{c}| \cdot \frac{9}{16}$$

$$\left(\frac{s^2}{9} - \frac{s}{3}\right) \cdot 4|\vec{c}|^2 + \left(\frac{4}{9}s^2 - s + 1\right) \cdot 2|\vec{c}| \cdot \frac{9}{16} + \left(\frac{4s^2}{9} - \frac{2s}{3}\right) \cdot |\vec{c}|^2 = 0$$

$|\vec{c}| \neq 0$ より $|\vec{c}|^2$ を約そう

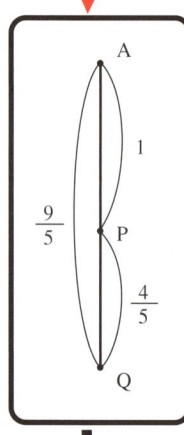

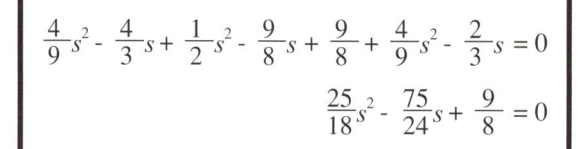

$$\frac{4}{9}s^2 - \frac{4}{3}s + \frac{1}{2}s^2 - \frac{9}{8}s + \frac{9}{8} + \frac{4}{9}s^2 - \frac{2}{3}s = 0$$

$$\frac{25}{18}s^2 - \frac{75}{24}s + \frac{9}{8} = 0$$

$(\times 72)$
$$100s^2 - 225s + 81 = 0$$
$$(20s - 9)(5s - 9) = 0$$
$$s = \frac{9}{20}, \quad s = \frac{9}{5}$$

$s > 1$ より

$$s = \frac{9}{5}$$

（図：A, P, Q を通る線分、AP $= 1$, $\frac{9}{5}$, PQ $= \frac{4}{5}$）

答

AP：PQ
$= 1 : \frac{4}{5}$
$= 5 : 4$

㊟ へ代入

$$\vec{AQ} = \frac{1}{3} \cdot \frac{9}{5}\vec{b} + \frac{2}{3} \cdot \frac{9}{5}\vec{c}$$
$$= \frac{3}{5}\vec{b} + \frac{6}{5}\vec{c}$$

答

$$\alpha = \frac{3}{5}$$

Fight!

Chapter 1　2次元のベクトルの捉え方　　ベクトルの世界へ関係をもつのは三角関数の世界です　section 1-4

座標平面上で，原点Oを基準とする点Pの位置ベクトル$\overrightarrow{OP}$が$\vec{p}$であるとき，点Pを$P(\vec{p})$で表す．

(1) $A(\vec{a})$を原点Oと異なる点とする．
　(i) 点$A(\vec{a})$を通り，ベクトル$\vec{a}$に垂直な直線上の任意の点を$P(\vec{p})$とするとき，$\vec{a}\cdot\vec{p}=|\vec{a}|^2$ が成り立つことを示せ．
　(ii) ベクトル方程式 $|\vec{p}|^2-2\vec{a}\cdot\vec{p}=0$ で表される図形を図示せよ．

(2) ベクトル$\vec{b}=(1,\ 1)$に対して，不等式 $|\vec{p}-\vec{b}|\leqq|\vec{p}+3\vec{b}|\leqq 3|\vec{p}-\vec{b}|$ を満たす点$P(\vec{p})$全体が表す領域を図示せよ．　　　　　　（金沢大・文系）

解

考え方

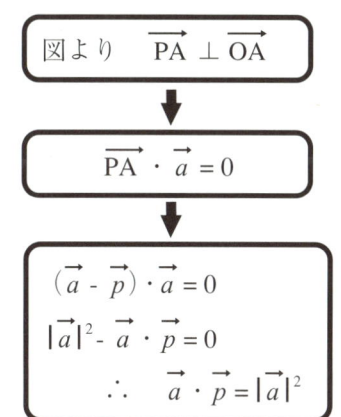

(1)
(i)

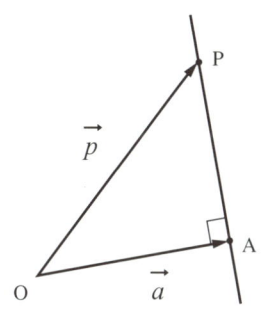

図より　$\overrightarrow{PA}\perp\overrightarrow{OA}$

↓

$\overrightarrow{PA}\cdot\vec{a}=0$

↓

$(\vec{a}-\vec{p})\cdot\vec{a}=0$
$|\vec{a}|^2-\vec{a}\cdot\vec{p}=0$
$\therefore\ \vec{a}\cdot\vec{p}=|\vec{a}|^2$

(ii)

$|\vec{p}|^2-2\vec{a}\cdot\vec{p}=0$

↓ 変形

$(\vec{p}-\vec{a})\cdot(\vec{p}-\vec{a})=\vec{a}\cdot\vec{a}$ → $|\vec{p}-\vec{a}|^2=|\vec{a}|^2$ → $|\vec{p}-\vec{a}|=|\vec{a}|$

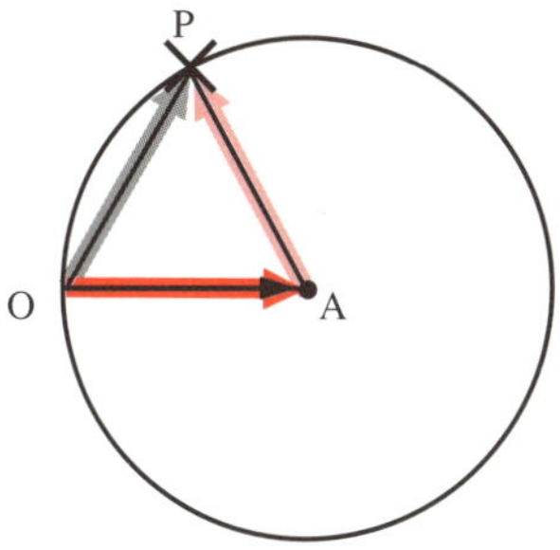

点Aを中心
半径$|OA|$の円周

(2)

考え方1

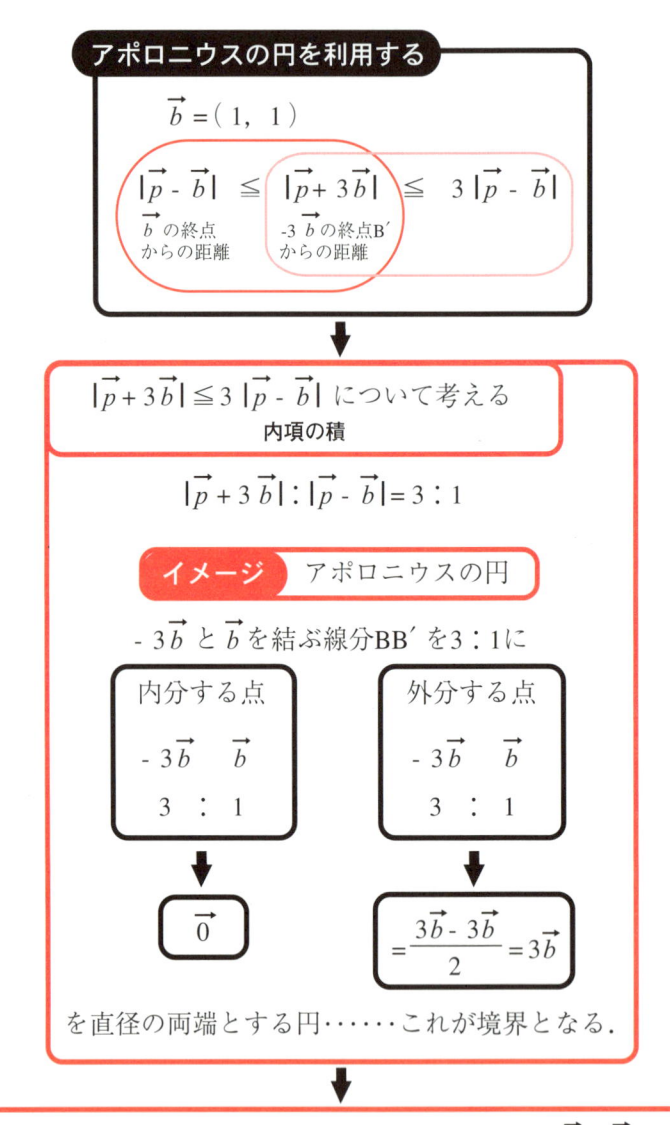

アポロニウスの円を利用する

$\vec{b} = (1, 1)$

$|\vec{p} - \vec{b}| \leq |\vec{p} + 3\vec{b}| \leq 3|\vec{p} - \vec{b}|$

$\vec{b}$ の終点からの距離　　$-3\vec{b}$ の終点B′からの距離

↓

$|\vec{p} + 3\vec{b}| \leq 3|\vec{p} - \vec{b}|$ について考える
内項の積

$|\vec{p} + 3\vec{b}| : |\vec{p} - \vec{b}| = 3 : 1$

イメージ アポロニウスの円

$-3\vec{b}$ と $\vec{b}$ を結ぶ線分BB′を3:1に

内分する点	外分する点
$-3\vec{b}$　$\vec{b}$	$-3\vec{b}$　$\vec{b}$
3 : 1	3 : 1

↓　　　　　↓

$\vec{0}$　　　$= \dfrac{3\vec{b} - 3\vec{b}}{2} = 3\vec{b}$

※（外分側）

を直径の両端とする円……これが境界となる．

↓

この円の中か外かを決めるには点Bが入るかどうか，つまり $\vec{p} = \vec{b}$ を代入してみる．

$|\vec{b} + 3\vec{b}| \leq 3|\vec{b} - \vec{b}| = 0$

よって，成立せず．
つまり，点Bが入らない方で考えよう．

Chapter 1　2次元のベクトルの捕え方　　　ベクトルの世界へ関係をもつのは三角関数の世界です　　section 1-4

次に　　　$|\vec{p}-\vec{b}| \leq |\vec{p}+3\vec{b}|$ について考える

↓

$\vec{b}$ の終点Bからの距離が，$-3\vec{b}$ の終点B′からの距離より短くなる状況を考えればいい．

↓

それには点Bと点B′を結ぶ線分BB′の垂直二等分線がpointになる．

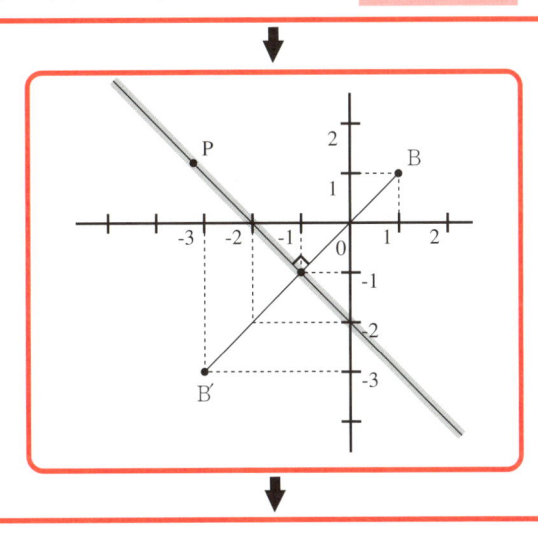

↓

この垂直二等分線上のすべての点Pは　PB = PB′　となる．

↓

よって
　PB ≦ PB′　を満たす点Pは，この直線より上部又は直線上に存在する事がわかる．

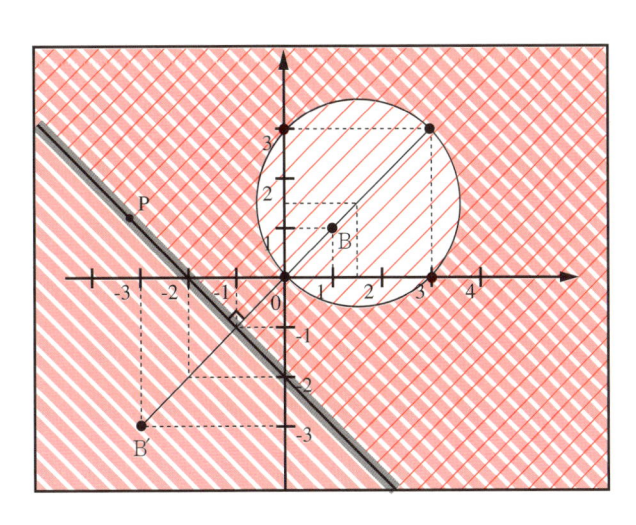

の2色の部分が答えとなる

Chapter 1　2次元のベクトルの捕え方　　ベクトルの世界へ関係をもつのは三角関数の世界です　　section 1-4

考え方2

$\vec{p} = (x, y)$ とおく

$\vec{p} - \vec{b} = \begin{pmatrix} x-1 \\ y-1 \end{pmatrix}$, $\vec{p} + 3\vec{b} = \begin{pmatrix} x+3 \\ y+3 \end{pmatrix}$, $3(\vec{p} - \vec{b}) = 3\begin{pmatrix} x-1 \\ y-1 \end{pmatrix}$

$(x-1)^2 + (y-1)^2 \leqq (x+3)^2 + (y+3)^2 \leqq 9(x-1)^2 + 9(y-1)^2$

$\begin{cases} x^2 - 2x + 1 + y^2 - 2y + 1 \leqq x^2 + 6x + 9 + y^2 + 6y + 9 \\ x^2 + 6x + 9 + y^2 + 6y + 9 \leqq 9(x^2 - 2x + 1 + y^2 - 2y + 1) \end{cases}$

$8x + 8y \geqq -16$　　　　　$x + y \geqq -2$

$8x^2 - 24x + 8y^2 - 24y \geqq 0$

$(x - \frac{3}{2})^2 + (y - \frac{3}{2})^2 \geqq \frac{18}{4}$ ……　中心 $\left(\frac{3}{2}, \frac{3}{2}\right)$

半径 $\frac{3\sqrt{2}}{2}$

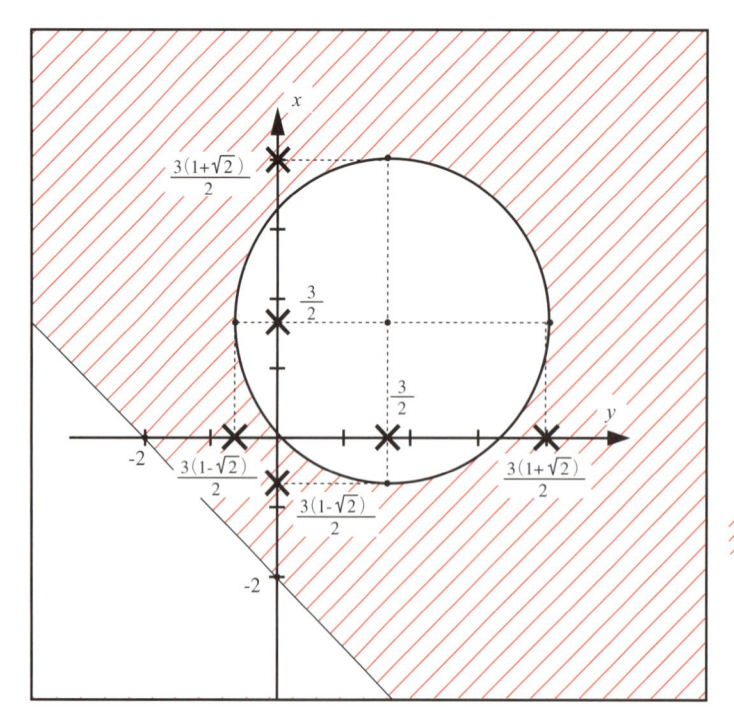

の円周の外側と周上

///の部分が答えです
（ただし境界を含む）

Chapter 1　2次元のベクトルの捉え方　　ベクトルの世界へ関係をもつのは三角関数の世界です　section 1-4

中心N(4, 3)で半径2の円周上に，図の順序で2点A，Bが与えられている．弧ABの中心角は90°で，∠ONA = θ とする．
(1) $\theta = 60°$ のとき，内積 $\overrightarrow{OA} \cdot \overrightarrow{OB}$ の値を求めよ．
(2) $\overrightarrow{OA} \cdot \overrightarrow{OB}$ の値の最小値を求め，そのときの θ の値を求めよ．

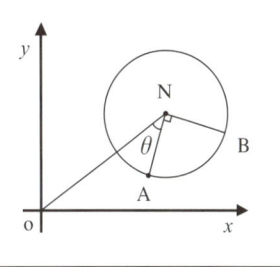

（酪農学園大・獣医）

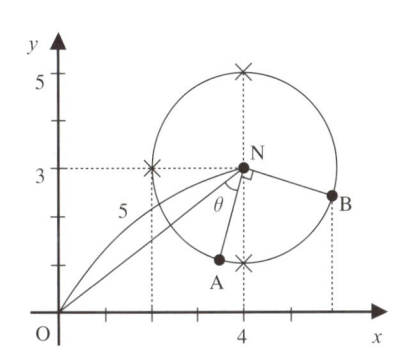

考え方

$4^2 + 3^2 = 9 + 16 = 25$ より　　ON = 5
(線分の長さ)

(1)　$\theta = 60°$

$\overrightarrow{OA} \cdot \overrightarrow{OB} = (\overrightarrow{NA} - \overrightarrow{NO}) \cdot (\overrightarrow{NB} - \overrightarrow{NO})$

$= \overrightarrow{NA} \cdot \overrightarrow{NB} - \overrightarrow{NA} \cdot \overrightarrow{NO} - \overrightarrow{NO} \cdot \overrightarrow{NB} + \overrightarrow{NO} \cdot \overrightarrow{NO}$

$= 0 - 5 \cdot 2 \cos \theta - 5 \cdot 2 \cdot \cos(90° + \theta) + 5 \cdot 5$

$= -10 \cos \theta + 10 \sin \theta + 25$

$= -10 \cos 60° + 10 \sin 60° + 25$

$= -10 \cdot \dfrac{1}{2} + 10 \cdot \dfrac{\sqrt{3}}{2} + 25$

$= 20 + 5\sqrt{3}$

(2)　$\overrightarrow{OA} \cdot \overrightarrow{OB} = -10 \cos \theta + 10 \sin \theta + 25$

$= 10\sqrt{2} \sin(\theta - 45°) + 25$

最小値　$25 - 10\sqrt{2}$　（理由 $-1 \leqq \sin(\theta - 45°) \leqq 1$）

（$\theta - 45° = 270°$ のとき・・・・・・$\theta = 315°$）

Chapter 1　2次元のベクトルの捉え方　　ベクトルの世界へ関係をもつのは三角関数の世界です　section 1-4

AB = 1 である鋭角三角形ABCを考える．頂点Aから辺BCに下ろした垂線の足をD，辺ACの中点をE，線分ADとBEの交点をFとする．∠ABC = α，∠ACB = β，$\vec{AB} = \vec{x}$，$\vec{AC} = \vec{y}$ とおくとき，

(1) 辺ACの長さを α，β を用いて表せ．
(2) $\vec{AD} = s\vec{x} + t\vec{y}$ となるような実数 s，t を α，β 用いて表せ．
(3) $\beta = 45°$，BD $= (\sqrt{2} - 1)$BC のとき，$\cos\alpha$ および，内積 $\vec{AF} \cdot \vec{BF}$ の値を求めよ．

（九州芸工大）

解

考え方

(1)

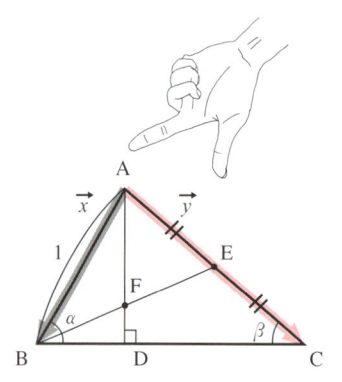

△ABDを見て
AD = 1sin α = sin α
BD = cos α

↓ 代入

△ACDを見て
$\dfrac{AD}{AC} = \sin\beta$

∴ $AC = \dfrac{AD}{\sin\beta}$

$= \dfrac{\sin\alpha}{\sin\beta}$

(2)

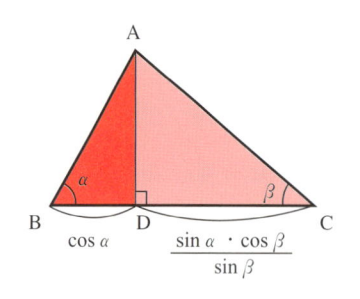

△ACDを見ると
$\dfrac{CD}{AC} = \cos\beta$

$CD = AC\cos\beta$

$= \dfrac{\sin\alpha \cdot \cos\beta}{\sin\beta}$

ちょっと一言
点Dは線分BCを $\cos\alpha : \dfrac{\sin\alpha \cdot \cos\beta}{\sin\beta}$ に内分している

この文章を　↓ ベクトル的に表現

$\vec{AD}$ は
$\vec{x} : \vec{y}$ を $\cos\alpha : \dfrac{\sin\alpha \cdot \cos\beta}{\sin\beta}$ に内分している

↓

$$\begin{cases} s = \dfrac{\dfrac{\sin\alpha \cdot \cos\beta}{\sin\beta}}{\cos\alpha + \dfrac{\sin\alpha}{\sin\beta}\cos\beta} = \dfrac{\sin\alpha \cdot \cos\beta}{\sin\beta \cdot \cos\alpha + \cos\beta \cdot \sin\alpha} = \dfrac{\sin\alpha \cdot \cos\beta}{\sin(\alpha+\beta)} \\ t = \dfrac{\cos\alpha}{\cos\alpha + \dfrac{\sin\alpha}{\sin\beta}\cos\beta} = \dfrac{\cos\alpha \cdot \sin\beta}{\sin(\alpha+\beta)} \end{cases}$$

(3)　BD＝(　$\sqrt{2}-1$　) BCより

$t = \sqrt{2}-1$,　$s = 2-\sqrt{2}$

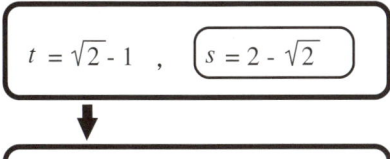

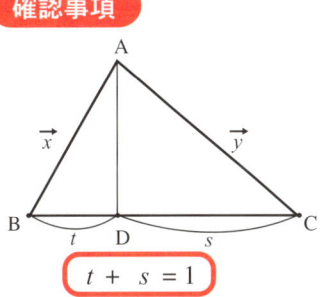

↓

$\dfrac{\cos\alpha \cdot \sin\beta}{\sin(\alpha+\beta)} = \sqrt{2}-1$

↓ **β = 45°より** 代入

$\dfrac{\cos\alpha}{\sqrt{2}\sin(\alpha+45°)} = \sqrt{2}-1$

$\cos\alpha = \sqrt{2}(\sqrt{2}-1) \cdot \left(\sin\alpha \cdot \dfrac{1}{\sqrt{2}} + \cos\alpha \cdot \dfrac{1}{\sqrt{2}}\right)$

$\cos\alpha = (\sqrt{2}-1) \cdot (\sin\alpha + \cos\alpha)$

$(2-\sqrt{2})\cos\alpha = (\sqrt{2}-1)\sin\alpha$

↓

$\tan\alpha = \dfrac{2-\sqrt{2}}{\sqrt{2}-1} = \sqrt{2}$

↓ **αは鋭角より cos > 0**

答

∴　$\cos\alpha = \dfrac{1}{\sqrt{1+2}} = \dfrac{1}{\sqrt{3}}$

$\sin\alpha = \sqrt{1-\dfrac{1}{3}} = \sqrt{\dfrac{2}{3}} = \dfrac{\sqrt{6}}{3}$　もついでに求まるね．

確認事項

$t + s = 1$

point

$\sin^2\alpha + \cos^2\alpha = 1$　より

$\tan^2\alpha + 1 = \dfrac{1}{\cos^2\alpha}$

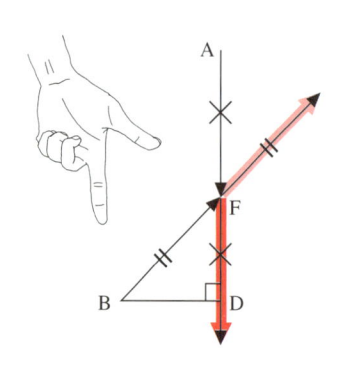

Chapter 1　2次元のベクトルの捉え方　　ベクトルの世界へ関係をもつのは三角関数の世界です　section 1-4

$$\overrightarrow{AF} \cdot \overrightarrow{BF} = |\overrightarrow{AF}| \cdot |\overrightarrow{BF}| \cdot \cos\angle AFB$$
$$= |\overrightarrow{AF}| \times |\overrightarrow{DF}| \times (-1)$$

この部分を図形で正しく見つけよう

"そこで $|\overrightarrow{AF}|$ を求める必要あり"

メネラウスの定理 を △ACD，直線BFEへ適用

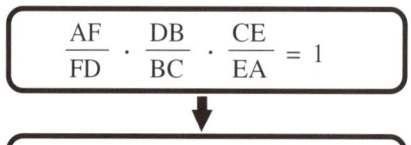

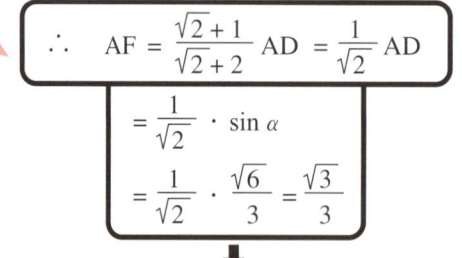

$$\frac{AF}{FD} \cdot \frac{DB}{BC} \cdot \frac{CE}{EA} = 1$$

↓

$$\frac{AF}{FD} \cdot \frac{\sqrt{2}-1}{1} \cdot \frac{1}{1} = 1$$

↓

$$AF = \frac{FD}{\sqrt{2}-1} = (\sqrt{2}+1)FD$$

↓

$$\therefore \quad AF = \frac{\sqrt{2}+1}{\sqrt{2}+2}AD = \frac{1}{\sqrt{2}}AD$$
$$= \frac{1}{\sqrt{2}} \cdot \sin\alpha$$
$$= \frac{1}{\sqrt{2}} \cdot \frac{\sqrt{6}}{3} = \frac{\sqrt{3}}{3}$$

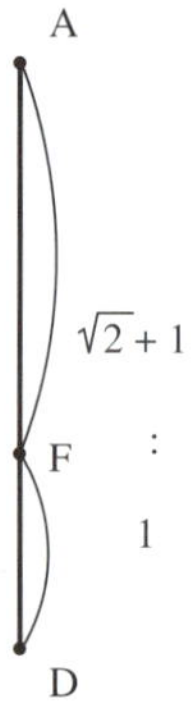

↓

$$DF = \frac{1}{2+\sqrt{2}}AD$$
$$= \frac{1}{2+\sqrt{2}}\sin\alpha$$
$$= \frac{1}{2+\sqrt{2}} \cdot \frac{\sqrt{6}}{3} = \frac{\sqrt{6}-\sqrt{3}}{3}$$

attention
2つのベクトルの内積を考えるときのベクトルは **始点** をそろえる．

ちょっと一言
メネラウスの定理ってナーニ？調べておくこと．

ギブアップしそう〜でも，頑張るぞー

答
$$\therefore \quad \overrightarrow{AF} \cdot \overrightarrow{BF} = |\overrightarrow{AF}| \cdot |\overrightarrow{DF}| \cdot (-1) = -\frac{3\sqrt{2}-3}{9} = -\frac{\sqrt{2}-1}{3}$$

Chapter 2

3次元ベクトルの捉え方

(基本は，四面体がぶらさがっている)

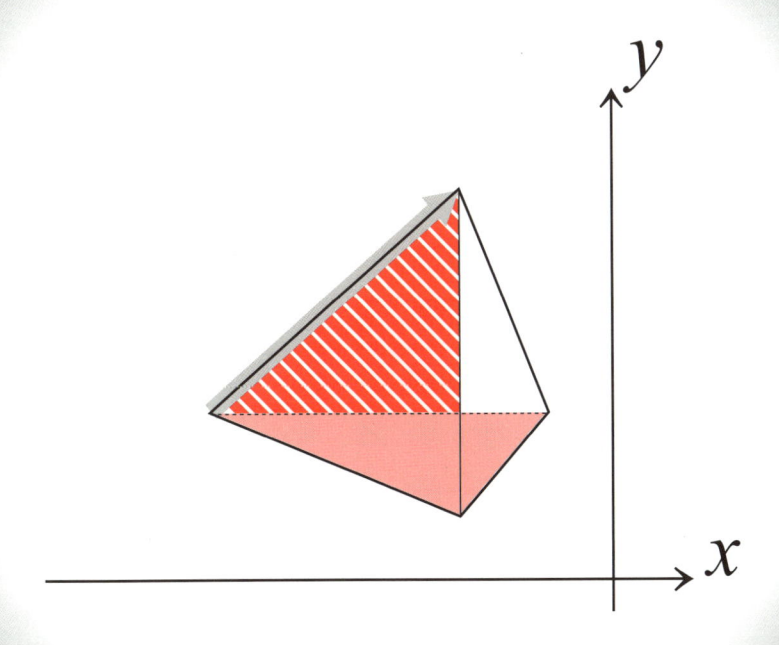

Section 2-1

自分の指を3本決めて,作られた世界

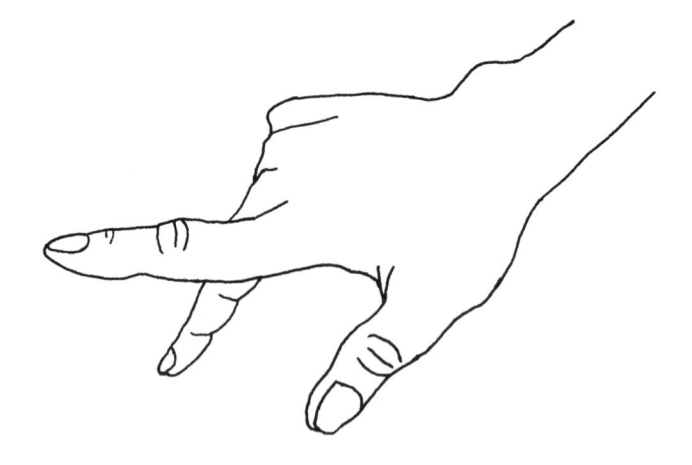

Chapter 2 3次元ベクトルの捕え方   自分の指を3本決めて，作られた世界   section 2-1

右図のような一辺の長さが1の立方体ABCDEFGHがある．点PをCD上でCP：PD＝2：1，点QをFG上でFQ：QG＝1：2となる点とする．点Rは平面APQとCGの交点とする．$\vec{a}=\overrightarrow{AB}$，$\vec{b}=\overrightarrow{AD}$，$\vec{c}=\overrightarrow{AE}$とするとき，

(1) $\overrightarrow{AP}$，$\overrightarrow{AQ}$を$\vec{a}$，$\vec{b}$，$\vec{c}$で表せ．
(2) $CR=x$とするとき$\overrightarrow{AR}$を$\vec{a}$，$\vec{b}$，$\vec{c}$，xで表せ．
(3) xの値を求めよ．

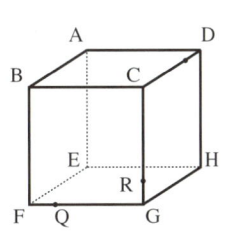

（岐阜聖徳学園大）

解

考え方

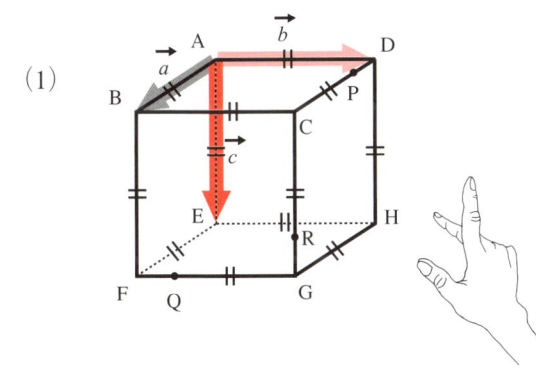

(1)
$$\overrightarrow{AP} = \overrightarrow{AD} + \overrightarrow{DP}$$
$$= \vec{b} + \frac{1}{3}\overrightarrow{DC}$$
$$= \vec{b} + \frac{1}{3}\vec{a}$$

$$\overrightarrow{AQ} = \overrightarrow{AB} + \overrightarrow{BF} + \overrightarrow{FQ}$$
$$= \vec{a} + \vec{c} + \frac{1}{3}\vec{b}$$

(2)
$$\overrightarrow{AR} = \overrightarrow{AB} + \overrightarrow{BF} + \overrightarrow{FG} + \overrightarrow{GR}$$
$$= \vec{a} + \vec{c} + \vec{b} + (1-x)\cdot(-\vec{c})$$
$$= \vec{a} + \vec{b} + x\vec{c} \quad \cdots\cdots ①$$

(3) "R on APQ - field"
$$\overrightarrow{AR} = s\overrightarrow{AP} + t\overrightarrow{AQ}$$
$$= s\left(\vec{b} + \frac{1}{3}\vec{a}\right) + t\left(\vec{a} + \vec{c} + \frac{1}{3}\vec{b}\right)$$
$$= \left(\frac{1}{3}s + t\right)\vec{a} + \left(s + \frac{1}{3}t\right)\vec{b} + t\vec{c} \quad \cdots\cdots ②$$

> **再確認しよう**
> 3次元空間は，3つのベクトルを決めたね．

①②より $\vec{a}$，$\vec{b}$，$\vec{c}$は一次独立なので

$$\boxed{1 = \frac{1}{3}s + t, \quad 1 = s + \frac{1}{3}t, \quad x = t}$$

$$s = \frac{3}{4}, \quad t = \frac{3}{4}, \quad x = \frac{3}{4}$$

Chapter 2 3次元ベクトルの捉え方
section 2-1 自分の指を3本決めて，作られた世界

> 4点 A$(3, -2, 0)$，B$(4, -1, 0)$，C$(1, 1, -1)$，D$(x, 1-x, -1)$ が同一平面上にあるように，xの値を定めよ．　　　　(福井県立大)

解

考え方

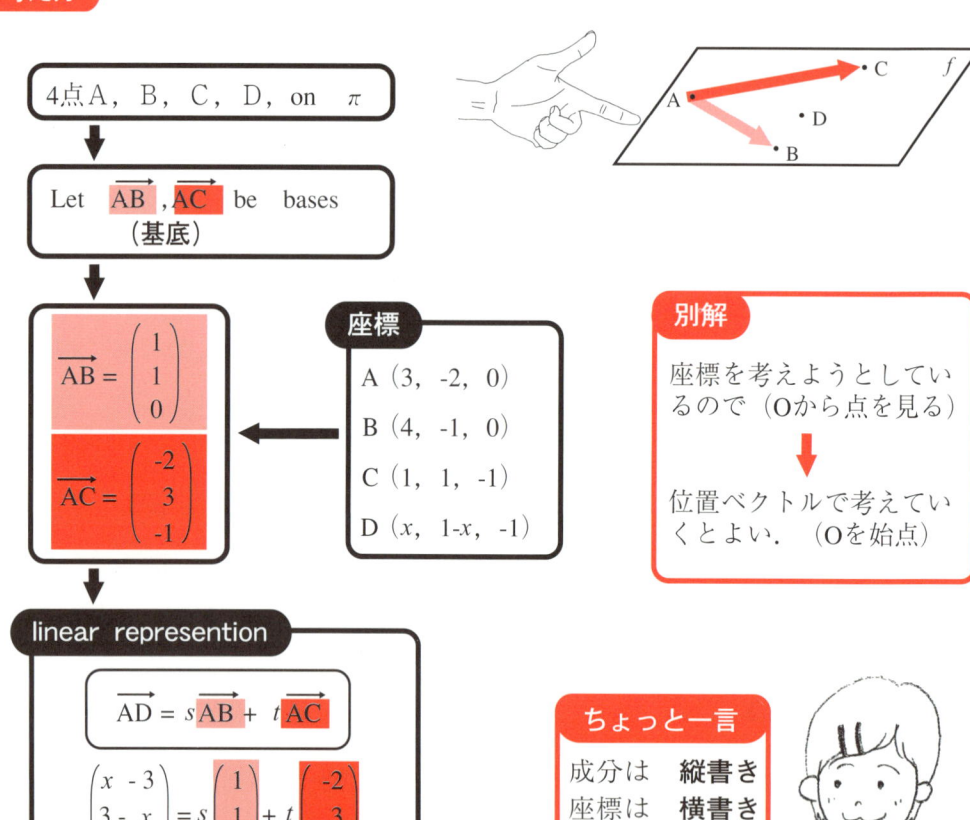

4点 A, B, C, D, on π

↓

Let $\overrightarrow{AB}$, $\overrightarrow{AC}$ be bases (基底)

↓

座標
A $(3, -2, 0)$
B $(4, -1, 0)$
C $(1, 1, -1)$
D $(x, 1-x, -1)$

$\overrightarrow{AB} = \begin{pmatrix} 1 \\ 1 \\ 0 \end{pmatrix}$

$\overrightarrow{AC} = \begin{pmatrix} -2 \\ 3 \\ -1 \end{pmatrix}$

別解
座標を考えようとしているので（Oから点を見る）
↓
位置ベクトルで考えていくとよい．（Oを始点）

↓

linear representation

$\overrightarrow{AD} = s\overrightarrow{AB} + t\overrightarrow{AC}$

$\begin{pmatrix} x-3 \\ 3-x \\ -1 \end{pmatrix} = s\begin{pmatrix} 1 \\ 1 \\ 0 \end{pmatrix} + t\begin{pmatrix} -2 \\ 3 \\ -1 \end{pmatrix}$

ちょっと一言
成分は 縦書き
座標は 横書き
にするとよい．
混乱しない！

↓

$\begin{cases} x - 3 = s - 2t \\ 3 - x = s + 3t \\ -1 = -t \end{cases}$

$\underline{t = 1}$

$\begin{array}{r} x - 3 = s - 2t \\ +)\ -x + 3 = s + 3t \\ \hline 0 = 2s + 1t \end{array}$

$\underline{s = -\dfrac{1}{2}}$

$x - 3 = -\dfrac{1}{2} - 2$

$x = -\dfrac{1}{2} + 1 = \dfrac{1}{2}$

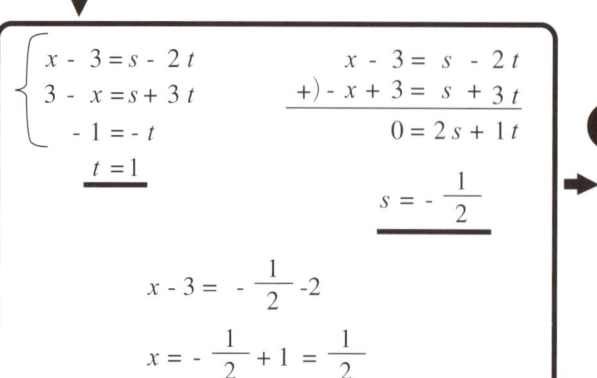

答 $x = \dfrac{1}{2}$

Chapter 2　3次元ベクトルの捉え方　　自分の指を3本決めて，作られた世界　section 2-1

四面体OABCにおいて，∠AOB = 60°, ∠BOC = 90°, ∠COA = 120° であり，OA = OB = 2, OC = 4である．辺ABの中点をD，辺OCを2：1に内分する点をE，辺OAを4：1に内分する点をFとする．$\vec{OA} = \vec{a}$, $\vec{OB} = \vec{b}$, $\vec{OC} = \vec{c}$ とするとき，

(1) 内積 $\vec{c} \cdot \vec{a}$ の値を求めなさい．
(2) 辺BC上の点をGとする．2直線DE，FGが点Hで交わるとき，$\vec{OH}$を，$\vec{a}, \vec{b}, \vec{c}$ を用いて表しなさい．
(3) $|\vec{OH}|$ を求めなさい．

(静岡文化芸術大)

解

考え方

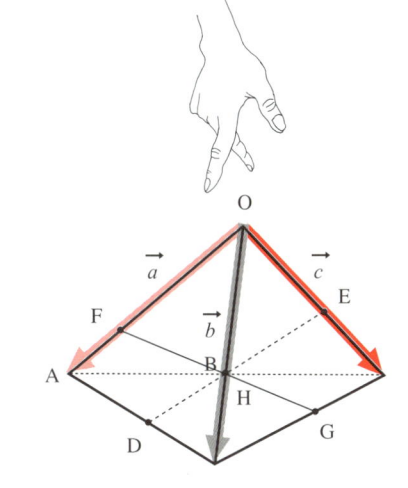

(1)

$$\vec{c} \cdot \vec{a} = 4 \times 2 \times \cos 120°$$
$$= -4$$

(2)

$\vec{OD} = \dfrac{\vec{a} + \vec{b}}{2}$

$\vec{OE} = \dfrac{2}{3}\vec{c}$

$\vec{OF} = \dfrac{4}{5}\vec{a}$

H on DE

$\vec{OH} = s\vec{OD} + (1-s)\vec{OE}$
$= \dfrac{s}{2}(\vec{a} + \vec{b}) + (1-s) \cdot \dfrac{2}{3}\vec{c}$

H on FG

$\vec{OH} = t\vec{OF} + (1-t)\vec{OG}$
$= \dfrac{4}{5}t\vec{a} + (1-t)\{l\vec{b} + (1-l)\vec{c}\}$

$\vec{a}$, $\vec{b}$, $\vec{c}$ は一次独立より係数比較できる

$\vec{a}$ …… $\dfrac{s}{2} = \dfrac{4}{5} t$

$\vec{b}$ …… $\dfrac{s}{2} = (1 - t) l$ …… $\boxed{1 - t = \dfrac{s}{2l}}$

$\vec{c}$ …… $\boxed{\dfrac{2}{3}(1 - s) = (1 - t)(1 - l)}$

$\dfrac{2}{3}(1 - s) = (1 - t) - l(1 - t)$

$\dfrac{2}{3}(1 - s) = 1 - t - \dfrac{s}{2}$

$4(1 - s) = 6 - 6t - 3s$

$\begin{cases} s - 6t = -2 \\ 5s - 8t = 0 \end{cases}$

$4s - 24t = -8$
$\underline{-)\ 15s - 8t = 0}$
$-11s = -8$

$s = \dfrac{8}{11}, \quad t = \dfrac{5}{8} \cdot \dfrac{8}{11} = \dfrac{5}{11}$

$\dfrac{4}{11} = \dfrac{6}{11} \cdot l \qquad l = \dfrac{2}{3}$

$\overrightarrow{OH} = \dfrac{4}{11}\vec{a} + \dfrac{4}{11}\vec{b} + \dfrac{2}{11}\vec{c}$

(3)

$\vec{a}\cdot\vec{b}=2,\quad \vec{a}\cdot\vec{c}=-4,\quad \vec{b}\cdot\vec{c}=0\quad$ より

$$|\overrightarrow{OH}|^2 = \overrightarrow{OH}\cdot\overrightarrow{OH}$$

$$=\left(\frac{4}{11}\vec{a}+\frac{4}{11}\vec{b}+\frac{2}{11}\vec{c}\right)\cdot\left(\frac{4}{11}\vec{a}+\frac{4}{11}\vec{b}+\frac{2}{11}\vec{c}\right)$$

$$=\frac{16}{121}\cdot 4 + \frac{16}{121}\cdot 4 + \frac{16}{121}\cdot 16 + 2\left(\frac{4}{11}\cdot\frac{4}{11}\cdot 2 + \frac{4}{11}\cdot\frac{2}{11}\cdot(-4)+0\right)$$

$$=\frac{192}{121}$$

答 $|\overrightarrow{OH}|=\dfrac{8\sqrt{3}}{11}$

Section 2-2

座標と成分

$$(a_1,\ a_2,\ a_3) \cdots\cdots 座標$$

$$\begin{pmatrix} a_1 \\ a_1 \\ a_1 \end{pmatrix} \cdots\cdots 成分$$

Chapter 2　3次元ベクトルの捉え方　　座標と成分　section 2-2

空間内の4点A（0, 0, 0），B（10, 0, 0），C（0, 10, 0），D（0, 10, 5），を頂点とする三角錐をVとする．次の点P，QはVの内部にあるか外部にあるか，理由を答えよ．
(1) P（3, 6, 3）
(2) Q（2, 7, 2）

（津田塾大・情報数理）

解

考え方

(1)

$$\begin{pmatrix} 3 \\ 6 \\ 3 \end{pmatrix} = l \begin{pmatrix} 10 \\ 10 \\ 0 \end{pmatrix} + m \begin{pmatrix} 0 \\ 10 \\ 0 \end{pmatrix} + n \begin{pmatrix} 0 \\ 10 \\ 5 \end{pmatrix} \text{とおくと}$$

$$\begin{cases} 10l = 3 \\ 10l + 10m + 10n = 6 \\ 5n = 3 \end{cases}$$

$$l = \frac{3}{10} \quad n = \frac{3}{5} \quad m = -\frac{3}{10}$$

$m < 0$ より点Pは外部にある．

(2)

$$\begin{pmatrix} 2 \\ 7 \\ 2 \end{pmatrix} = l \begin{pmatrix} 10 \\ 10 \\ 0 \end{pmatrix} + m \begin{pmatrix} 0 \\ 10 \\ 0 \end{pmatrix} + n \begin{pmatrix} 0 \\ 10 \\ 5 \end{pmatrix} \text{とおくと}$$

$$\begin{cases} 2 = 10l \\ 7 = 10l + 10m + 10n \\ 2 = 5n \end{cases}$$

$$l = \frac{2}{10} \quad n = \frac{2}{5} \quad m = \frac{1}{10}$$

$0 < l < 1$, $0 < m < 1$, $0 < n < 1$

より点Qは内部にある．

ちょっと一言

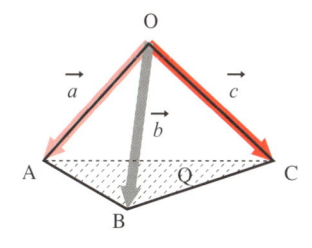

点Pが四面体OABC内部にある条件

$\overrightarrow{OP} = l\vec{a} + m\vec{b} + n\vec{c}$

$$\begin{cases} \cdot\ 0 < l < 1 \\ \cdot\ 0 < m < 1 \\ \cdot\ 0 < n < 1 \\ \cdot\ 0 < l + m + n < 1 \end{cases}$$

Chapter 2 3次元ベクトルの捉え方　　座標と成分　section 2-2

Oを原点とする空間内に3点A，B，Cがあり，4点O，A，B，Cは同一平面上にはないものとする．
$\overrightarrow{OA} = \vec{a}$，$\overrightarrow{OB} = \vec{b}$，$\overrightarrow{OC} = \vec{c}$ とおき，点Pを $\overrightarrow{OP} = 2\vec{a} + 3\vec{b} + 4\vec{c}$ により定まる点とするとき，

(1) 四面体PABCと，四面体OABCの体積の比を求めよ．
(2) A，B，Cの座標をそれぞれ (1, 2, 0)，(0, 2, 2)，(1, 0, 1) とするとき，四面体PABCの体積を求めよ．
　　　　　　　　　　　　　　　　　　　　　　　　　　　　（名古屋市大・経）

解

考え方

(1)

点Qを直線OPと平面ABCとの交点とする

$\overrightarrow{OP} = 2\vec{a} + 3\vec{b} + 4\vec{c}$
$= s\overrightarrow{OQ}$

↓

$\overrightarrow{OQ} = \dfrac{2}{s}\vec{a} + \dfrac{3}{s}\vec{b} + \dfrac{4}{s}\vec{c}$

↓

Q on △ABCより

$\dfrac{2}{s} + \dfrac{3}{s} + \dfrac{4}{s} = 1$

$s = 9$

↓

∴ $\overrightarrow{OP} = 9\overrightarrow{OQ}$

↓

∴ $|\overrightarrow{PQ}| : |\overrightarrow{OQ}| = 8 : 1$

↓

答

よって2つの四面体は
△ABCを共有しているので
<mark>体積比＝高さの比</mark>なので
四面体PABC：四面体OABC
　　　＝ 8：1

Chapter 2　3次元ベクトルの捉え方　　　座標と成分　section 2-2

(2)

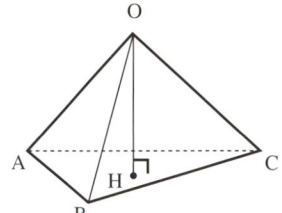

Oから平面ABCへおろした垂線をHとおく

四面体OABCの体積がもとまれば，答えに達する事は明白．

H on 平面ABC

$\vec{AH} = s\vec{AB} + t\vec{AC}$

$= \begin{pmatrix} -s \\ 0 \\ 2s \end{pmatrix} + \begin{pmatrix} 0 \\ -2t \\ t \end{pmatrix}$

$= \begin{pmatrix} -s \\ -2t \\ 2s+t \end{pmatrix}$

座標

A (1, 2, 0)
B (0, 2, 2)
C (1, 0, 1)

成分

$\vec{AB} = \begin{pmatrix} -1 \\ 0 \\ 2 \end{pmatrix}$

$\vec{AC} = \begin{pmatrix} 0 \\ -2 \\ 1 \end{pmatrix}$

$\vec{OH} = \vec{OA} + \vec{AH}$

$= \begin{pmatrix} 1 \\ 2 \\ 0 \end{pmatrix} + \begin{pmatrix} -s \\ -2t \\ 2s+t \end{pmatrix}$

$= \begin{pmatrix} 1-s \\ 2-2t \\ 2s+t \end{pmatrix}$

OH ⊥ AB より

$\vec{OH} \cdot \vec{AB} = 0$

$\begin{pmatrix} 1-s \\ 2-2t \\ 2s+t \end{pmatrix} \cdot \begin{pmatrix} -1 \\ 0 \\ 2 \end{pmatrix} = 0$

$5s + 2t = 1$

OH ⊥ AC より

$\vec{OH} \cdot \vec{AC} = 0$

$\begin{pmatrix} 1-s \\ 2-2t \\ 2s+t \end{pmatrix} \cdot \begin{pmatrix} 0 \\ -2 \\ 1 \end{pmatrix} = 0$

$2s + 5t = 4$

Chapter 2　3次元ベクトルの捉え方　　　座標と成分　section 2-2

$$t = \frac{6}{7} \quad s = -\frac{1}{7} \text{ が得られる}$$

$$\overrightarrow{OH} = \begin{pmatrix} \frac{8}{7} \\ \frac{2}{7} \\ \frac{4}{7} \end{pmatrix}$$

$$|\overrightarrow{OH}| = \frac{2\sqrt{21}}{7}$$ これが四面体OABCの高さになる

次に四面体OABCの底面になる△ABCの面積について考えよう

$$S_{(面積)} = \frac{1}{2} \cdot |\overrightarrow{AB}| \cdot |\overrightarrow{AC}| \cdot \sin \angle BAC$$

$$= \frac{1}{2} \sqrt{|\overrightarrow{AB}|^2 \cdot |\overrightarrow{AC}|^2 - (\overrightarrow{AB} \cdot \overrightarrow{AC})^2}$$

$$= \frac{1}{2} \sqrt{5 \cdot 5 - 4}$$

$$= \frac{\sqrt{21}}{2}$$

四面体OABCの体積

$$V_{(体積)} = \frac{1}{3} \cdot S \cdot |\overrightarrow{OH}|$$

$$= \frac{1}{3} \cdot \frac{\sqrt{21}}{2} \cdot \frac{2\sqrt{21}}{7} = 1$$

答
四面体PABCの体積
$8 \times 1 = 8$

英語も覚えよう

S …… size
　　　　superficial
　　　　（面積）

V …… volume
　　　　（体積）

Chapter 2　3次元ベクトルの捉え方　　座標と成分　section 2-2

空間において，(0, 1, -1) と (-2, 1, -2) を通る直線を l，(0, 0, 1) と (2, 1, 1) を通る直線を m とする．l と m の位置関係を答えよ．
（公立はこだて未来大）

解

考え方

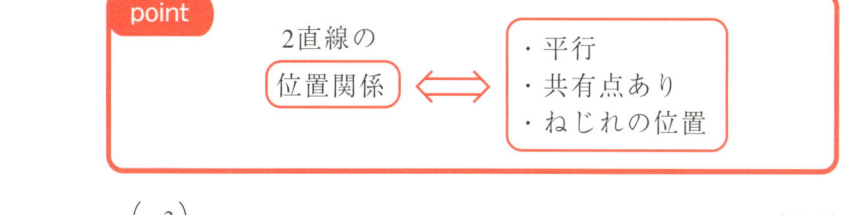

point　2直線の 位置関係 ⟺ ・平行　・共有点あり　・ねじれの位置

方向ベクトル $\begin{pmatrix} -2 \\ 0 \\ -1 \end{pmatrix}$　　l　B(-2, 1, -2)
A(0, 1, -1)
P variable point（動点）

m　Q（動点）variable point
C(0, 0, 1)
方向ベクトル $\begin{pmatrix} 2 \\ 1 \\ 0 \end{pmatrix}$　D(2, 1, 1)

$\vec{OP} = \vec{OA} + \vec{AP}$
($\vec{OP} = \vec{OB} + t\vec{AB}$ でもよい)
$= \vec{OA} + s\vec{AB}$
$= \begin{pmatrix} 0 \\ 1 \\ -1 \end{pmatrix} + s \begin{pmatrix} -2 \\ 0 \\ -1 \end{pmatrix}$　**direct vector**（方向ベクトル）
$= \begin{pmatrix} -2s \\ 1 \\ -1-s \end{pmatrix}$

もう一度確認
座標は (, ,)
成分は $\begin{pmatrix} \_ \\ \_ \\ \_ \end{pmatrix}$

$\vec{OQ} = \vec{OC} + \vec{CQ}$
($\vec{OQ} = \vec{OD} + s\vec{DC}$ でもよい)
$= \begin{pmatrix} 0 \\ 0 \\ 1 \end{pmatrix} + t\vec{CD}$
$= \begin{pmatrix} 0 \\ 0 \\ 1 \end{pmatrix} + t \begin{pmatrix} 2 \\ 1 \\ 0 \end{pmatrix}$
$= \begin{pmatrix} 2t \\ t \\ 1 \end{pmatrix}$　**direct vector**（方向ベクトル）

direct vector を見ると，平行でないのは明らか
（方向ベクトルを見ればわかる）

共有点の有無
$\begin{cases} -2s = 2t \\ 1 = t \\ -1-s = 1 \end{cases}$ ……　$t=1, s=-2$ はこの式を満たさない
……　$\boxed{s = -2}$

以上より 平行ではなく，共有点もない ことより，ねじれ位置となる．

— 83 —

Chapter 2　3次元ベクトルの捉え方　　　座標と成分　section 2-2

> n を整数とし，空間内の座標 (n, n^2, n^3) の点を P_n とする．以下の問いに答えよ．
> (1) $n \neq 1$ のとき，ベクトル $\overrightarrow{P_0P_{-1}}$ と $\overrightarrow{P_1P_n}$ は平行でないことを証明せよ．
> (2) 空間内に相異なる4点R，S，T，Uをとる．RとSを通る直線を l_1，TとU を通る直線を l_2 とする．l_1 と l_2 との交点Qが存在するならば，等式 $\alpha\overrightarrow{RS} = \overrightarrow{RT} + \beta\overrightarrow{TU}$ を満たす実数 α，β がとれることを証明せよ．
> (3) 相異なる4点 P_0，P_{-1}，P_1，P_n（ただし，$n \neq 0, -1, 1$）は同一平面上にない ことを証明せよ．　　　　　　　　　　　　　　　　　　　（広島市立大）

解

考え方

(1)　$P_n(n, n^2, n^3)$

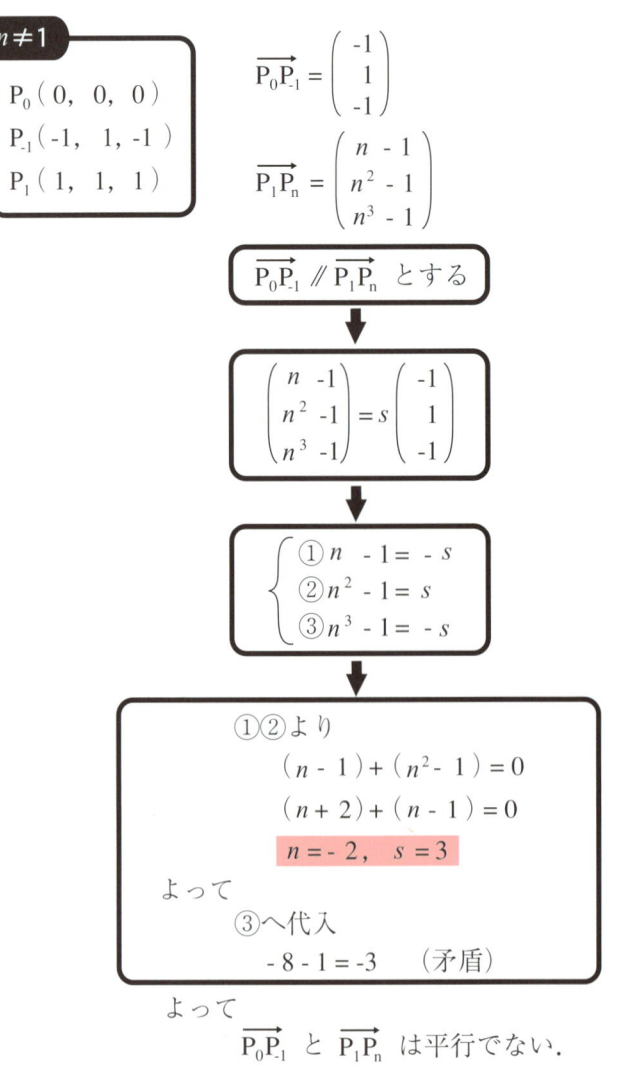

$n \neq 1$
$P_0(0, 0, 0)$
$P_{-1}(-1, 1, -1)$
$P_1(1, 1, 1)$

$\overrightarrow{P_0P_{-1}} = \begin{pmatrix} -1 \\ 1 \\ -1 \end{pmatrix}$

$\overrightarrow{P_1P_n} = \begin{pmatrix} n-1 \\ n^2-1 \\ n^3-1 \end{pmatrix}$

$\overrightarrow{P_0P_{-1}} \parallel \overrightarrow{P_1P_n}$ とする

↓

$\begin{pmatrix} n-1 \\ n^2-1 \\ n^3-1 \end{pmatrix} = s \begin{pmatrix} -1 \\ 1 \\ -1 \end{pmatrix}$

↓

$\begin{cases} ① n-1 = -s \\ ② n^2-1 = s \\ ③ n^3-1 = -s \end{cases}$

↓

①②より
$(n-1) + (n^2-1) = 0$
$(n+2) + (n-1) = 0$

　$n = -2, \ s = 3$

よって
　③へ代入
　$-8 - 1 = -3$　（矛盾）

よって
　$\overrightarrow{P_0P_{-1}}$ と $\overrightarrow{P_1P_n}$ は平行でない．

(2)

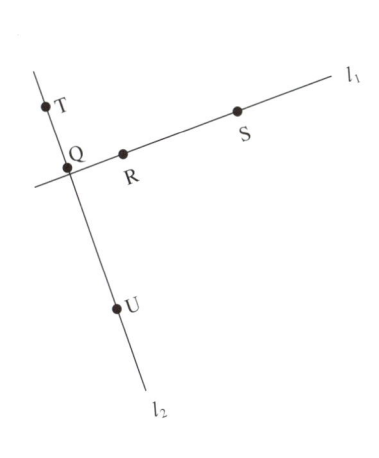

> 図より
> $\overrightarrow{RQ} = s\overrightarrow{RS}$ なる実数 s は存在する

↓

> Q on l_2
> $\overrightarrow{RQ} = \overrightarrow{RT} + t\overrightarrow{TU}$ なる実数 t が存在する

↓

> $s\overrightarrow{RS} = \overrightarrow{RT} + s\overrightarrow{TU}$ が成立する

↓

> この s, t を
> $s = \alpha, \ t = \beta$ とすればよい

(3)

> $P_0(0, \ 0^2, \ 0^3)$
> $P_1(1, \ 1^2, \ 1^3)$
> $P_{-1}(-1, \ (-1)^2, \ (-1)^3)$
> $P_n(n, \ n^2, \ n^3)$

↓

> $P_0(0, \ 0, \ 0)$
> $P_1(1, \ 1, \ 1)$
> $P_{-1}(-1, \ 1, \ -1)$
> $P_n(n, \ n^2, \ n^3)$

↓

> この4点が同一平面上にあるのかどうかを調べてみよう

> **point** 3点で1枚の平面は設定される

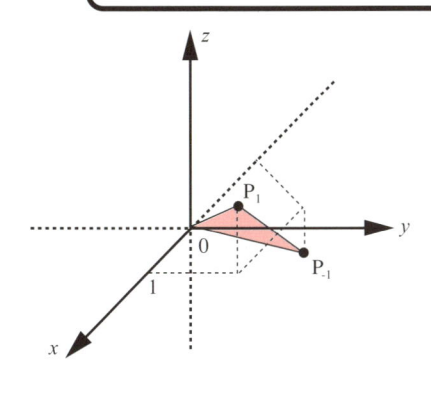

この3点を P_0, P_1, P_{-1} としてみることにする.

もしも，P_n がこの平面上にあったとするとどうなるかを考えてみよう．（仮定）

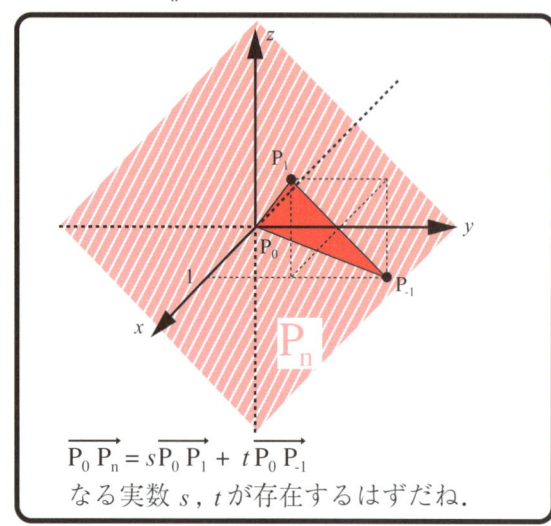

point

平面は2次元より2つの
ベクトルで構成されている．
これを
$\overrightarrow{P_0P_1}$ と $\overrightarrow{P_0P_{-1}}$
としてみよう．

$\overrightarrow{P_0P_n} = s\overrightarrow{P_0P_1} + t\overrightarrow{P_0P_{-1}}$
なる実数 s, t が存在するはずだね．

成分表現してみよう

$$\begin{pmatrix} n \\ n^2 \\ n^3 \end{pmatrix} = s \begin{pmatrix} 1 \\ 1 \\ 1 \end{pmatrix} + t \begin{pmatrix} -1 \\ 1 \\ -1 \end{pmatrix}$$

$n = s - t$ ……㋐
$n^2 = s + t$ ……㋑
$n^3 = s - t$ ……㋒

㋐ = ㋒ より
$n = n^3$
$n(n^2 - 1) = 0$
$n = 0, \pm 1$
となってしまい

条件

$n \neq 0, \pm 1$ に反する

そこで，P_n はこの平面上にないことがわかった．

Section 2-3

内積の応用

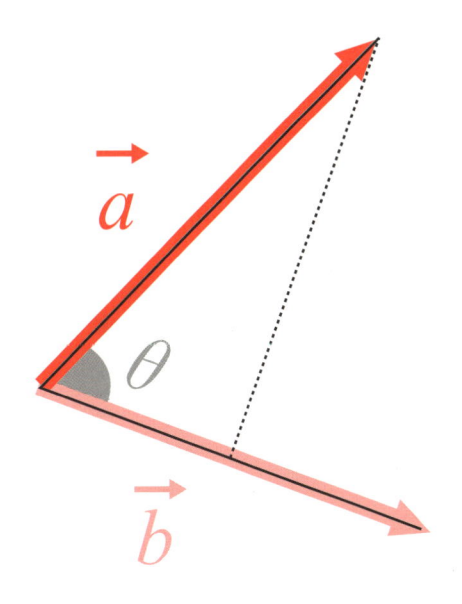

Chapter 2　3次元ベクトルの捉え方　　内積の応用　section 2-3

$a > 0$ とする．xyz空間で点$A(a, 0, 0)$を通りベクトル$\vec{g} = \begin{pmatrix} 0 \\ 1 \\ 2 \end{pmatrix}$に平行な直線を$l$とする．点$P(u, v, 0)$から$l$に下ろした垂線と$l$との交点をQとし，PとQの間の距離を$d$とする．ただし，Pが$l$上にあるときはQ = Pとする．
(1) Qの座標およびd^2をa, u, vで表せ．
(2) xy平面上の円周で，原点を中心とし半径が1の円周をCとする．PがC全体を動くときのdの最大値，最小値を求めよ．

（京都工繊大）

解

考え方

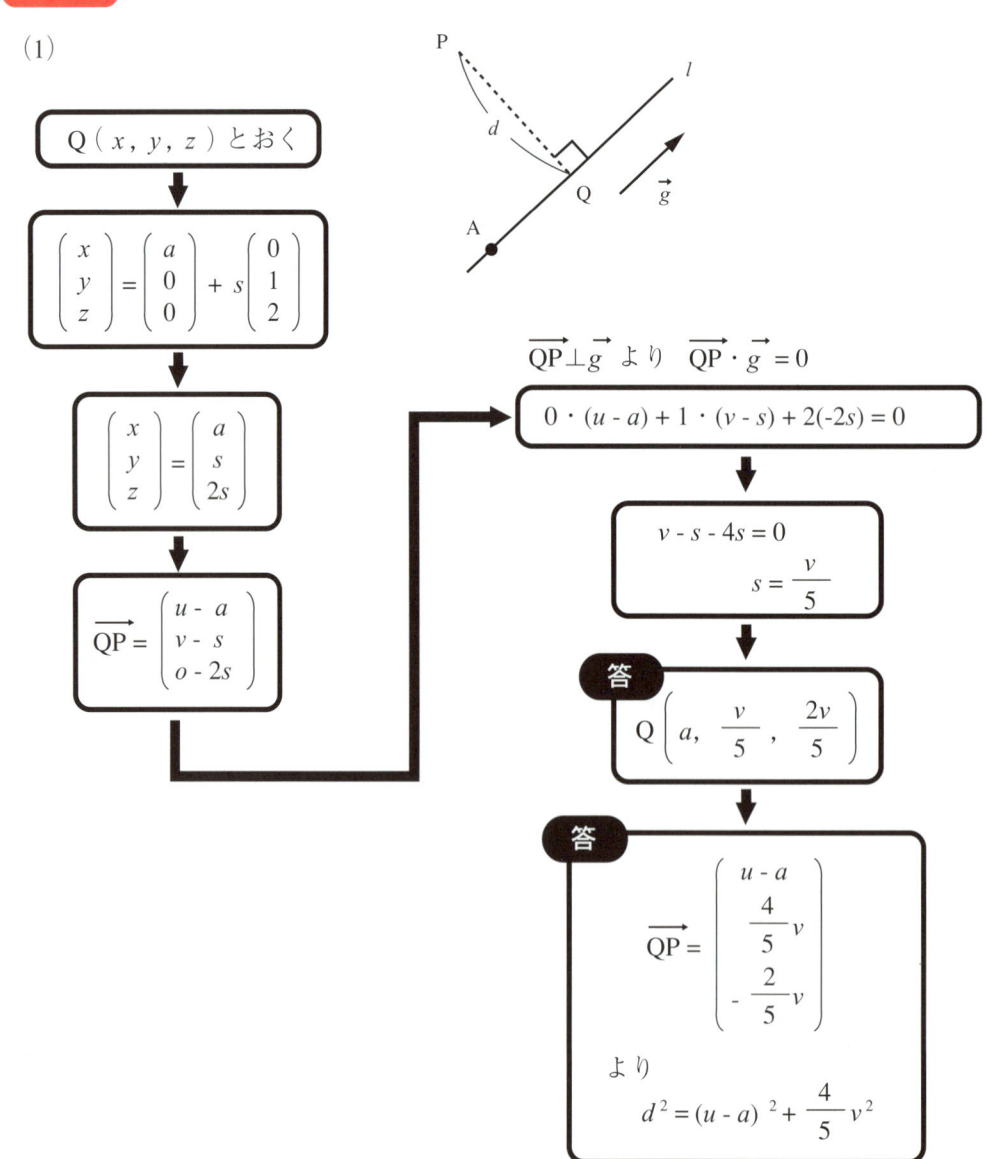

(1)

$Q(x, y, z)$とおく

$\begin{pmatrix} x \\ y \\ z \end{pmatrix} = \begin{pmatrix} a \\ 0 \\ 0 \end{pmatrix} + s \begin{pmatrix} 0 \\ 1 \\ 2 \end{pmatrix}$

$\begin{pmatrix} x \\ y \\ z \end{pmatrix} = \begin{pmatrix} a \\ s \\ 2s \end{pmatrix}$

$\overrightarrow{QP} = \begin{pmatrix} u - a \\ v - s \\ 0 - 2s \end{pmatrix}$

$\overrightarrow{QP} \perp \vec{g}$ より $\overrightarrow{QP} \cdot \vec{g} = 0$

$0 \cdot (u - a) + 1 \cdot (v - s) + 2(-2s) = 0$

$v - s - 4s = 0$
$s = \dfrac{v}{5}$

答 $Q\left(a, \dfrac{v}{5}, \dfrac{2v}{5}\right)$

答 $\overrightarrow{QP} = \begin{pmatrix} u - a \\ \dfrac{4}{5}v \\ -\dfrac{2}{5}v \end{pmatrix}$

より

$d^2 = (u - a)^2 + \dfrac{4}{5}v^2$

(2)

C: $x^2 + y^2 = 1,\ z = 0$

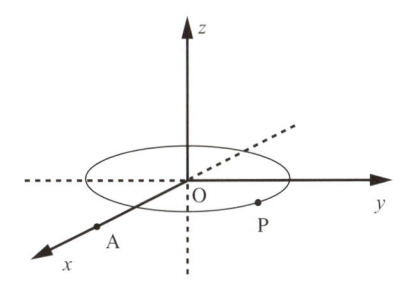

P$(u, v, 0)$ on C

$u^2 + v^2 = 1$ $-1 \leq v \leq 1$
$-1 \leq u \leq 1$

$$d^2 = (u-a)^2 + \frac{4}{5}(1-u^2)$$
$$= u^2 - 2au + a^2 + \frac{4}{5} - \frac{4}{5}u^2$$
$$= \frac{1}{5}u^2 - 2au + a^2 + \frac{4}{5}$$
$$= \frac{1}{5}(u-5a)^2 - 5a^2 + a^2 + \frac{4}{5}$$
$$= \frac{1}{5}(u-5a)^2 - 4a^2 + \frac{4}{5}$$

$a > 0$ に注意して d^2 のグラフ化をする

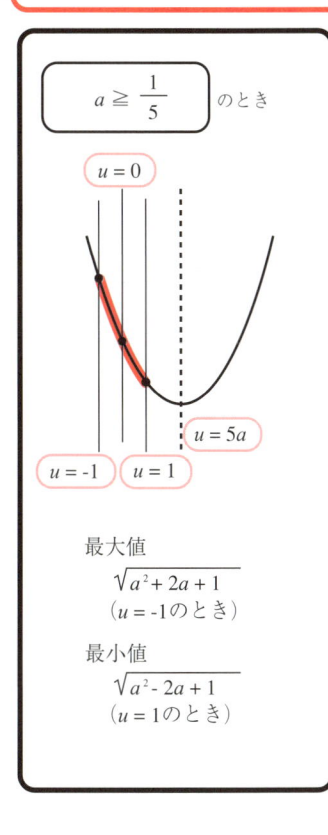

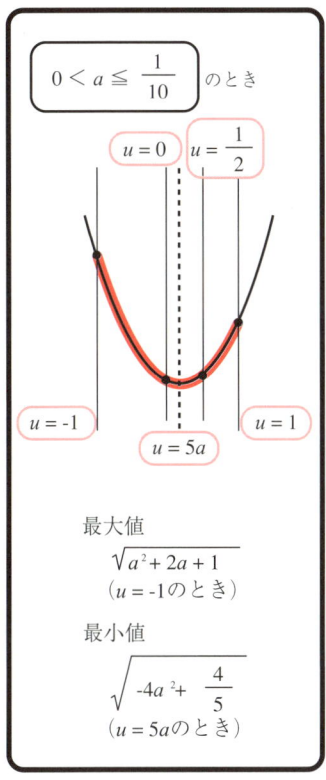

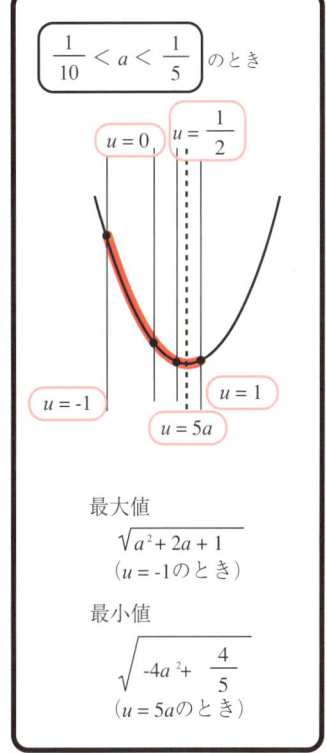

$a \geq \dfrac{1}{5}$ のとき

最大値
$\sqrt{a^2 + 2a + 1}$
($u = -1$ のとき)

最小値
$\sqrt{a^2 - 2a + 1}$
($u = 1$ のとき)

$0 < a \leq \dfrac{1}{10}$ のとき

最大値
$\sqrt{a^2 + 2a + 1}$
($u = -1$ のとき)

最小値
$\sqrt{-4a^2 + \dfrac{4}{5}}$
($u = 5a$ のとき)

$\dfrac{1}{10} < a < \dfrac{1}{5}$ のとき

最大値
$\sqrt{a^2 + 2a + 1}$
($u = -1$ のとき)

最小値
$\sqrt{-4a^2 + \dfrac{4}{5}}$
($u = 5a$ のとき)

Chapter 2　3次元ベクトルの捉え方　　内積の応用　section 2-3

> **ちょっと一言**
> $d^2 = (u-a)^2 + \dfrac{4}{5}(1-u^2)$　のグラフの描き方

（導関数のグラフを利用する．）

$$d^2 = (u-a)^2 + \frac{4}{5}(1-u^2)$$

$$f(u) = (u-a)^2 + \frac{4}{5}(1-u^2) \quad とおく.$$

問題を読むと"最大値・最小値"と書かれているので，$f(u)$ について増減を調べ，グラフから考えたいね．

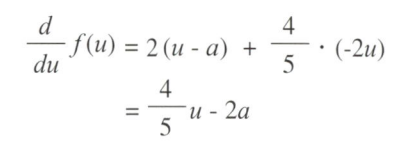

$$\frac{d}{du}f(u) = 2(u-a) + \frac{4}{5}\cdot(-2u)$$
$$= \frac{4}{5}u - 2a$$

u について一次関数なので，$\dfrac{d}{du}f(u)$ のグラフは直線です．

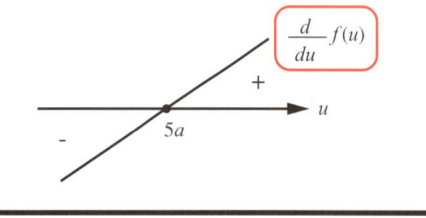

（図：原点を通る直線状に $5a$ で符号が $-$ から $+$ に変わる，$\dfrac{d}{du}f(u)$ のグラフ）

> **ちょっと一言**
> $\dfrac{d}{du}$ の意味
> ……………………
> u で微分しよう

$f(1) = (1-a)^2$
$f(-1) = (1-a)^2$
$f(5a) = 16a^2 + \dfrac{4}{5}(1-25a^2)$
　　　　$= -4a^2 + \dfrac{4}{5}$

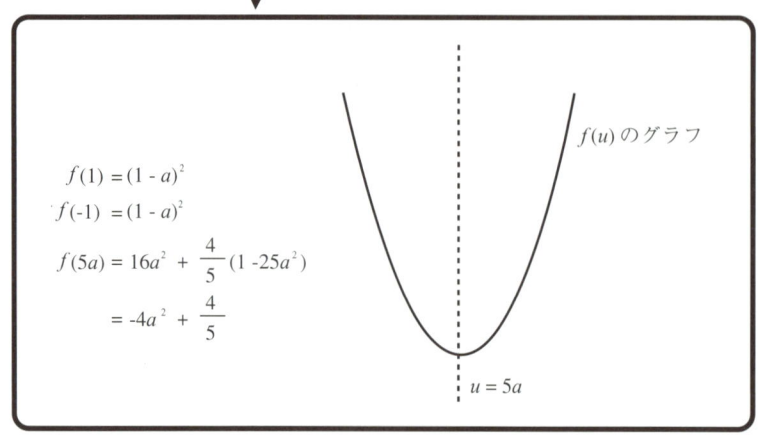

（$f(u)$ のグラフ：$u = 5a$ で最小となる下に凸の放物線状のグラフ）

— 90 —

Chapter 2　3次元ベクトルの捉え方　　　内積の応用　section 2-3

空間内の3点A(3, 2, -1)，B(-1, 1, 3)，C(1, -2, 1)のつくる三角形ABCの面積は□である． (名城大・理工，一部略)

解

考え方

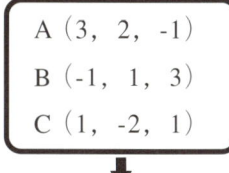

A (3, 2, -1)
B (-1, 1, 3)
C (1, -2, 1)

$$S = \frac{1}{2}|\vec{a}||\vec{b}|\sin C$$

ちょっと一言
三角形ABCは平面上の図形なので2次元の内容

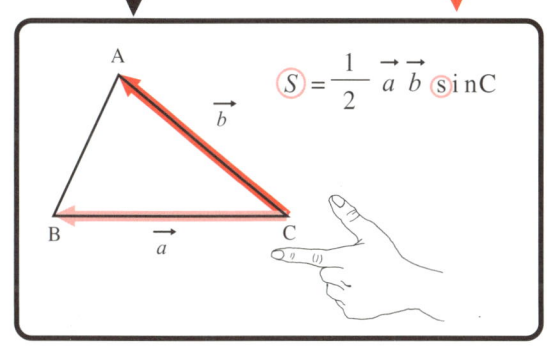

ちょっと一言
面積は英語で
　ⓢize
　ⓢuperficial

$\overrightarrow{CB} = \vec{a}$　$\overrightarrow{CA} = \vec{b}$ とおく

$$\overrightarrow{CB} = \begin{pmatrix} -2 \\ 3 \\ 2 \end{pmatrix}, \overrightarrow{CA} = \begin{pmatrix} 2 \\ 4 \\ -2 \end{pmatrix}$$

cos C が求まれば，sin C は自動的に決まる

$$\cos C = \frac{\vec{a} \cdot \vec{b}}{|\vec{a}| \cdot |\vec{b}|}$$

$$= \frac{-4 + 12 - 4}{\sqrt{4+9+4} \cdot \sqrt{4+16+4}}$$

$$= \frac{4}{\sqrt{17} \cdot 2\sqrt{6}} = \frac{2}{\sqrt{17} \cdot \sqrt{6}}$$

sin C > 0 より
（理由 三角形の1つの内角より）

$$\sin C = \sqrt{1 - \cos^2 C}$$

$$= \sqrt{1 - \frac{4}{17 \cdot 6}} = \sqrt{\frac{49}{51}} = \frac{7}{\sqrt{51}}$$

答

$$S = \frac{1}{2} \cdot \sqrt{17} \cdot 2\sqrt{6} \cdot \frac{7}{\sqrt{51}}$$

$$= 7\sqrt{2}$$

Chapter 2　3次元ベクトルの捉え方　　　内積の応用　section 2-3

空間内に点A(-1, 1, 2) を通る，方向ベクトルが $\begin{pmatrix} 2 \\ 1 \\ 1 \end{pmatrix}$ の直線 l と定点B (2, 3, 2) がある．直線 l に点Bから下ろした垂線の足Hの座標と線分BHの長さで求めよ．
（信州大・教，一部略）

解

考え方

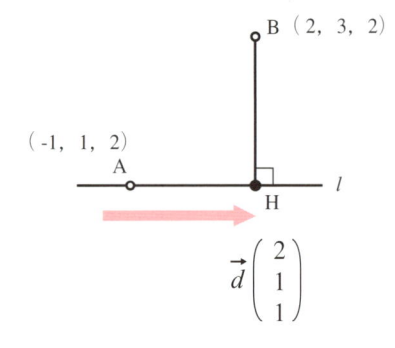

$\vec{d}\begin{pmatrix} 2 \\ 1 \\ 1 \end{pmatrix}$

図より

$\vec{d} \perp \overrightarrow{HB}$
$\therefore \vec{d} \cdot \overrightarrow{HB} = 0$

$\vec{d} \cdot (\overrightarrow{OB} - \overrightarrow{OH}) = 0$
$\vec{d} \cdot (\overrightarrow{OB} - \overrightarrow{OA} - t\vec{d}) = 0$

直線のベクトル方程式
$\overrightarrow{OP} = \overrightarrow{OA} + t\vec{d}$

H on l より
$\overrightarrow{OH} = \overrightarrow{OA} + t\vec{d}$ なる t が存在する．
$= \begin{pmatrix} -1 + 2t \\ 1 + t \\ 2 + t \end{pmatrix}$

$\vec{d} = \begin{pmatrix} 2 \\ 1 \\ 1 \end{pmatrix}$

$\overrightarrow{OB} - \overrightarrow{OA} - t\vec{d} = \begin{pmatrix} 3 - 2t \\ 2 - t \\ 0 - t \end{pmatrix}$

$2(3 - 2t) + 1 \cdot (2 - t) + 1 \cdot (0 - t) = 0$
$-6t + 8 = 0$
$t = \dfrac{4}{3}$

$\overrightarrow{OH} = \begin{pmatrix} \frac{5}{3} \\ \frac{7}{3} \\ \frac{10}{3} \end{pmatrix}$ ∴ H $\left(\dfrac{5}{3}, \dfrac{7}{3}, \dfrac{10}{3} \right)$

確認事項
成分は $\begin{pmatrix} x \\ y \\ z \end{pmatrix}$
座標は (x, y, z)
と区別出来る書き方をしたい

$\overrightarrow{BH} = \overrightarrow{OH} - \overrightarrow{OB}$
$= \begin{pmatrix} \frac{5}{3} \\ \frac{7}{3} \\ \frac{10}{3} \end{pmatrix} - \begin{pmatrix} 2 \\ 3 \\ 2 \end{pmatrix}$
$= \begin{pmatrix} -\frac{1}{3} \\ -\frac{2}{3} \\ \frac{4}{3} \end{pmatrix}$

$|\overrightarrow{BH}| = \dfrac{1}{3}\sqrt{1 + 4 + 16} = \dfrac{\sqrt{21}}{3}$

Chapter 2　3次元ベクトルの捉え方　　　内積の応用　section 2-3

四面体OABCにおいてOA = 6，OB = 8，OC = 9，∠AOB = 60°，∠BOC = 90°，∠COA = 45° とし，点Aから△OBCに下ろした垂線の足をDとする．内積$\overrightarrow{OA}\cdot\overrightarrow{OB}$，$\overrightarrow{OA}\cdot\overrightarrow{OC}$の値を求めよ．また，$\overrightarrow{AD} = \overrightarrow{AO} + x\overrightarrow{OB} + y\overrightarrow{OC}$ とおくとき，x，yの値を求め，ベクトル$\overrightarrow{AD}$の大きさ$|\overrightarrow{AD}|$を求めよ．　　　（大同工大）

解

考え方

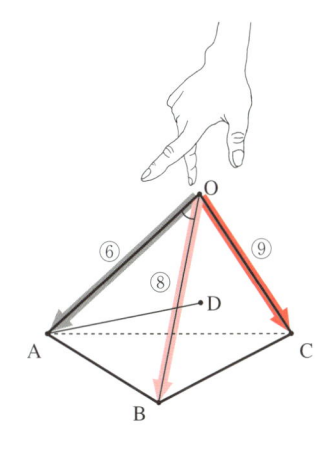

$$\overrightarrow{OB}\cdot\overrightarrow{OC} = 0$$

$$\overrightarrow{OA}\cdot\overrightarrow{OB} = 6\cdot 8\cdot\cos 60° = 6\cdot 8\cdot\frac{1}{2} = 24$$

$$\overrightarrow{OA}\cdot\overrightarrow{OC} = 6\cdot 9\cdot\cos 45° = 6\cdot 9\cdot\frac{1}{\sqrt{2}} = 27\sqrt{2}$$

$\overrightarrow{AD} = \overrightarrow{AO} + x\overrightarrow{OB} + y\overrightarrow{OC}$

↓   ↓

$\overrightarrow{AD} \perp \overrightarrow{OB}$　　　$\overrightarrow{AD} = \vec{a}$　　　$\overrightarrow{AD} \perp \overrightarrow{OC}$
　　　　　　　　　　$\overrightarrow{OB} = \vec{b}$
　　　　　　　　　　$\overrightarrow{OC} = \vec{c}$
　　　　　　　　　　と表現する

↓   ↓

$\overrightarrow{AD}\cdot\overrightarrow{OB} = 0$　　　　　　　$\overrightarrow{AD}\cdot\overrightarrow{OC} = 0$

↓   ↓

$(-\vec{a} + x\vec{b} + y\vec{c})\cdot\vec{b} = 0$　　　$(-\vec{a} + x\vec{b} + y\vec{c})\cdot\vec{c} = 0$

↓   ↓

$-24 + 64x = 0$　　　　　　　$-27\sqrt{2} + 81y = 0$

↓   ↓

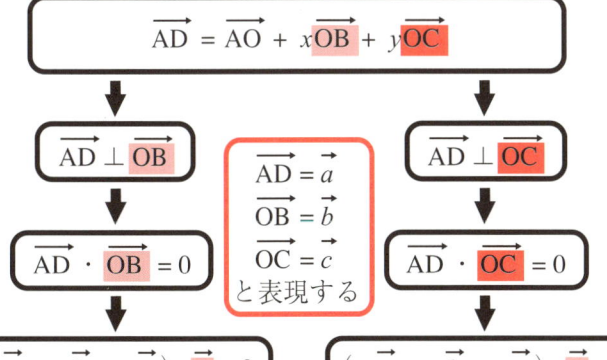

$x = \dfrac{24}{64} = \dfrac{3}{8}$　　　　　　　$y = \dfrac{27\sqrt{2}}{81} = \dfrac{\sqrt{2}}{3}$

point

同一の点からSTARTするベクトルを**3本**決める．

3次元空間では必ず**3本**が決められる．それは自由に決めてよい．これを基底という．

∴ $\boxed{\overrightarrow{AD} = -\vec{a} + \dfrac{3}{8}\vec{b} + \dfrac{\sqrt{2}}{3}\vec{c}}$

$$|\overrightarrow{AD}|^2 = \overrightarrow{AD} \cdot \overrightarrow{AD}$$

$$= \left(-\vec{a} + \dfrac{3}{8}\vec{b} + \dfrac{\sqrt{2}}{3}\vec{c}\right) \cdot \left(-\vec{a} + \dfrac{3}{8}\vec{b} + \dfrac{\sqrt{2}}{3}\vec{c}\right)$$

$$= |\vec{a}|^2 + \dfrac{9}{64}|\vec{b}|^2 + \dfrac{2}{9}|\vec{c}|^2 - \dfrac{3}{4}\vec{a}\cdot\vec{b} + \dfrac{\sqrt{2}}{4}\vec{b}\cdot\vec{c} - \dfrac{2\sqrt{2}}{3}\vec{a}\cdot\vec{c}$$

$$= 36 + \dfrac{9}{64}\cdot 64 + \dfrac{2}{9}\cdot 81 - \dfrac{3}{4}\cdot 24 + \dfrac{\sqrt{2}}{8}\cdot 0 - \dfrac{2\sqrt{2}}{3}\cdot 27\sqrt{2}$$

$$= 36 + 9 + 18 - 18 + 0 - 36 = 9$$

∴ $\underline{|\overrightarrow{AD}| = 3}$

Chapter 2　3次元ベクトルの捉え方　　　内積の応用　section 2-3

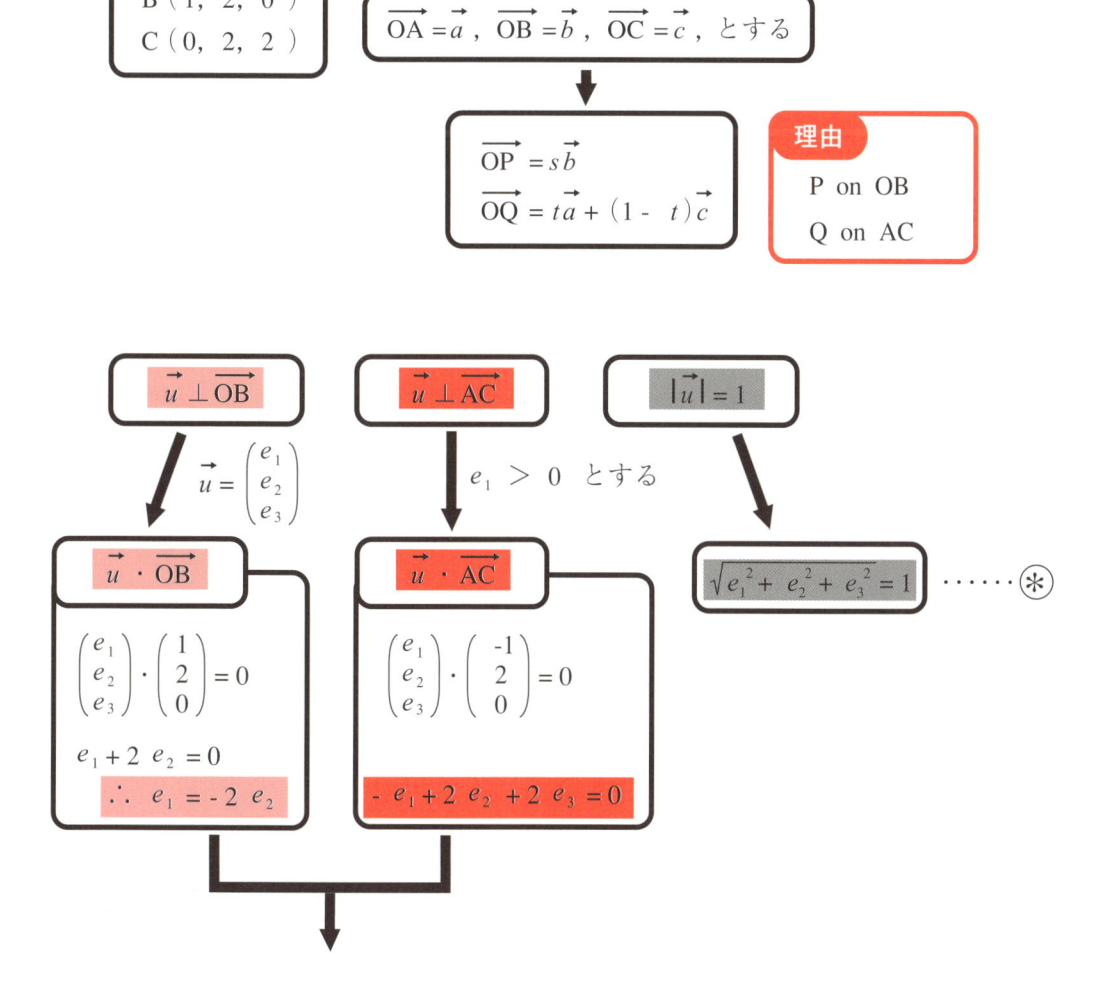

空間に3点A$(1, 0, 0)$, B$(1, 2, 0)$, C$(0, 2, 2)$をとり, Pを直線OB上の点, Qを直線AC上の点とする.
(1) $\vec{u}$を$\overrightarrow{OB}$, $\overrightarrow{AC}$と直交する第1成分が正の単位ベクトルとすれば$\vec{u} = \boxed{}$ある.
(2) $\overrightarrow{OA} = \boxed{}\overrightarrow{OB} + \boxed{}\overrightarrow{AC} + \boxed{}\vec{u}$と表せる.
(3) $\overrightarrow{PQ}$が$\vec{u}$に平行であるとき, $\overrightarrow{OP} = \boxed{}\overrightarrow{OB}$, $\overrightarrow{AQ} = \boxed{}\overrightarrow{AC}$と表せる. また, そのときQの座標は$\boxed{}$である. （中央大・理工）

解

考え方

(1)

座標
A$(1, 0, 0)$
B$(1, 2, 0)$
C$(0, 2, 2)$

$\overrightarrow{OA} = \vec{a}$, $\overrightarrow{OB} = \vec{b}$, $\overrightarrow{OC} = \vec{c}$, とする

$\overrightarrow{OP} = s\vec{b}$
$\overrightarrow{OQ} = t\vec{a} + (1-t)\vec{c}$

理由
P on OB
Q on AC

$\vec{u} \perp \overrightarrow{OB}$　　　$\vec{u} \perp \overrightarrow{AC}$　　　$|\vec{u}| = 1$

$\vec{u} = \begin{pmatrix} e_1 \\ e_2 \\ e_3 \end{pmatrix}$　　$e_1 > 0$ とする

$\vec{u} \cdot \overrightarrow{OB}$

$\begin{pmatrix} e_1 \\ e_2 \\ e_3 \end{pmatrix} \cdot \begin{pmatrix} 1 \\ 2 \\ 0 \end{pmatrix} = 0$

$e_1 + 2e_2 = 0$

∴ $e_1 = -2e_2$

$\vec{u} \cdot \overrightarrow{AC}$

$\begin{pmatrix} e_1 \\ e_2 \\ e_3 \end{pmatrix} \cdot \begin{pmatrix} -1 \\ 2 \\ 0 \end{pmatrix} = 0$

$-e_1 + 2e_2 + 2e_3 = 0$

$\sqrt{e_1^2 + e_2^2 + e_3^2} = 1$ ……※

— 95 —

Chapter 2 3次元ベクトルの捉え方 　　　内積の応用 section 2-3

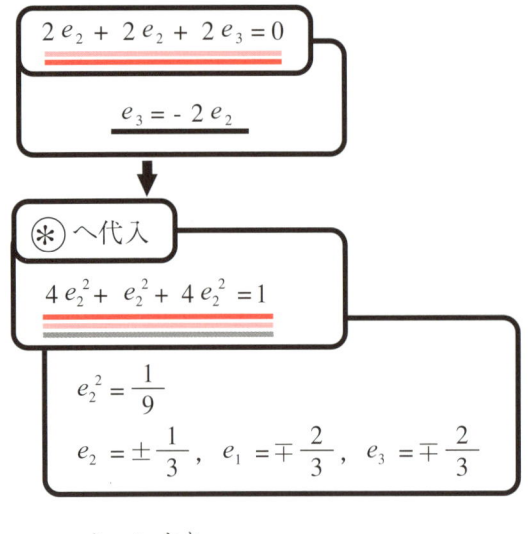

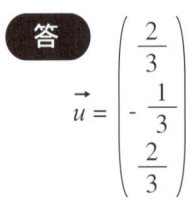

$2e_2 + 2e_2 + 2e_3 = 0$

$e_3 = -2e_2$

↓ (∗) へ代入

$4e_2^2 + e_2^2 + 4e_2^2 = 1$

$e_2^2 = \dfrac{1}{9}$

$e_2 = \pm\dfrac{1}{3}$, $e_1 = \mp\dfrac{2}{3}$, $e_3 = \mp\dfrac{2}{3}$

$e_1 > 0$ より

答 $\vec{u} = \begin{pmatrix} \dfrac{2}{3} \\ -\dfrac{1}{3} \\ \dfrac{2}{3} \end{pmatrix}$

再確認しよう

点の座標とベクトルの成分をきちんと区別するために

座標は (, ,)

成分は $\begin{pmatrix} - \\ - \\ - \end{pmatrix}$

と記すこと．

(2) 条件式
$\vec{OA} = l\vec{OB} + m\vec{AC} + n\vec{u}$
を成分で表現すること

$\begin{pmatrix} 1 \\ 0 \\ 0 \end{pmatrix} = l\begin{pmatrix} 1 \\ 2 \\ 0 \end{pmatrix} + m\begin{pmatrix} -1 \\ 2 \\ 2 \end{pmatrix} + n\begin{pmatrix} \dfrac{2}{3} \\ -\dfrac{1}{3} \\ \dfrac{2}{3} \end{pmatrix}$

$\begin{cases} l - m + \dfrac{2}{3}n = 1 & \cdots\cdots 第1成分 \\ 2l + 2m - \dfrac{1}{3}n = 0 & \cdots\cdots 第2成分 \\ 2m + \dfrac{2}{3}n = 0 & \cdots\cdots 第3成分 \end{cases}$

$l = \dfrac{1}{3}$, $m = -\dfrac{2}{9}$, $n = \dfrac{2}{3}$

答 ∴ $\vec{a} = \dfrac{1}{3}\vec{b} - \dfrac{2}{9}\vec{AC} + \dfrac{2}{3}\vec{u}$

(3)

$\cdot \overrightarrow{PQ} \parallel \vec{u}$

$\cdot \vec{u} = (\vec{a} - \dfrac{1}{3}\vec{b} + \dfrac{2}{9}\overrightarrow{AC}) \cdot \dfrac{3}{2}$

$= \dfrac{3}{2}\vec{a} - \dfrac{1}{2}\vec{b} + \dfrac{1}{3}\overrightarrow{AC}$

$= \dfrac{3}{2}\vec{a} - \dfrac{1}{2}\vec{b} + \dfrac{1}{3}(\vec{c} - \vec{a})$

$= \dfrac{7}{6}\vec{a} - \dfrac{1}{2}\vec{b} + \dfrac{1}{3}\vec{c}$

$\overrightarrow{PQ} = t\vec{a} - s\vec{b} + (1 - t)\vec{c}$

$\vec{u} = \dfrac{7}{6}\vec{a} - \dfrac{1}{2}\vec{b} + \dfrac{1}{3}\vec{c}$

で $\overrightarrow{PQ} \parallel \vec{u}$ より $\vec{a}, \vec{b}$ の係数を比較

$t : (1 - t) = \dfrac{7}{6} : \dfrac{1}{3} = 7 : 2$

$\therefore\ t = \dfrac{7}{9}$

$\vec{a}, \vec{b}$ の係数を比較

$\dfrac{7}{9} : s = \dfrac{7}{6} : \dfrac{1}{2} = 7 : 3$

$s = \dfrac{1}{3}$

答 $\overrightarrow{OP} = \dfrac{1}{3}\vec{b}$

$\overrightarrow{AQ} = \overrightarrow{OQ} - \overrightarrow{OA}$

$= \dfrac{7}{9}\vec{a} + \dfrac{2}{9}\vec{c} - \vec{a}$

$= -\dfrac{2}{9}\vec{a} + \dfrac{2}{9}\vec{c}$

答 $\overrightarrow{AQ} = \dfrac{2}{9}\overrightarrow{AC}$

$\overrightarrow{OQ} = \overrightarrow{OA} + \overrightarrow{AQ}$

$= \overrightarrow{OA} + \dfrac{2}{9}\overrightarrow{AC}$

$= \begin{pmatrix} 1 \\ 0 \\ 0 \end{pmatrix} + \begin{pmatrix} -\dfrac{2}{9} \\ \dfrac{4}{9} \\ \dfrac{4}{9} \end{pmatrix} \begin{pmatrix} \dfrac{7}{9} \\ \dfrac{4}{9} \\ \dfrac{4}{9} \end{pmatrix}$

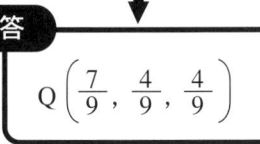

答 $Q\left(\dfrac{7}{9}, \dfrac{4}{9}, \dfrac{4}{9}\right)$

Chapter 2 3次元ベクトルの捉え方　　　内積の応用　section 2-3

4点A(3, -2, 4), B(2, 0, 2), C(6, -2, 4), D(3, -1, 5)を頂点とする四面体ABCDがある．このとき，△ABCの面積は□であり，四面体ABCDの体積は□である． （武蔵大）

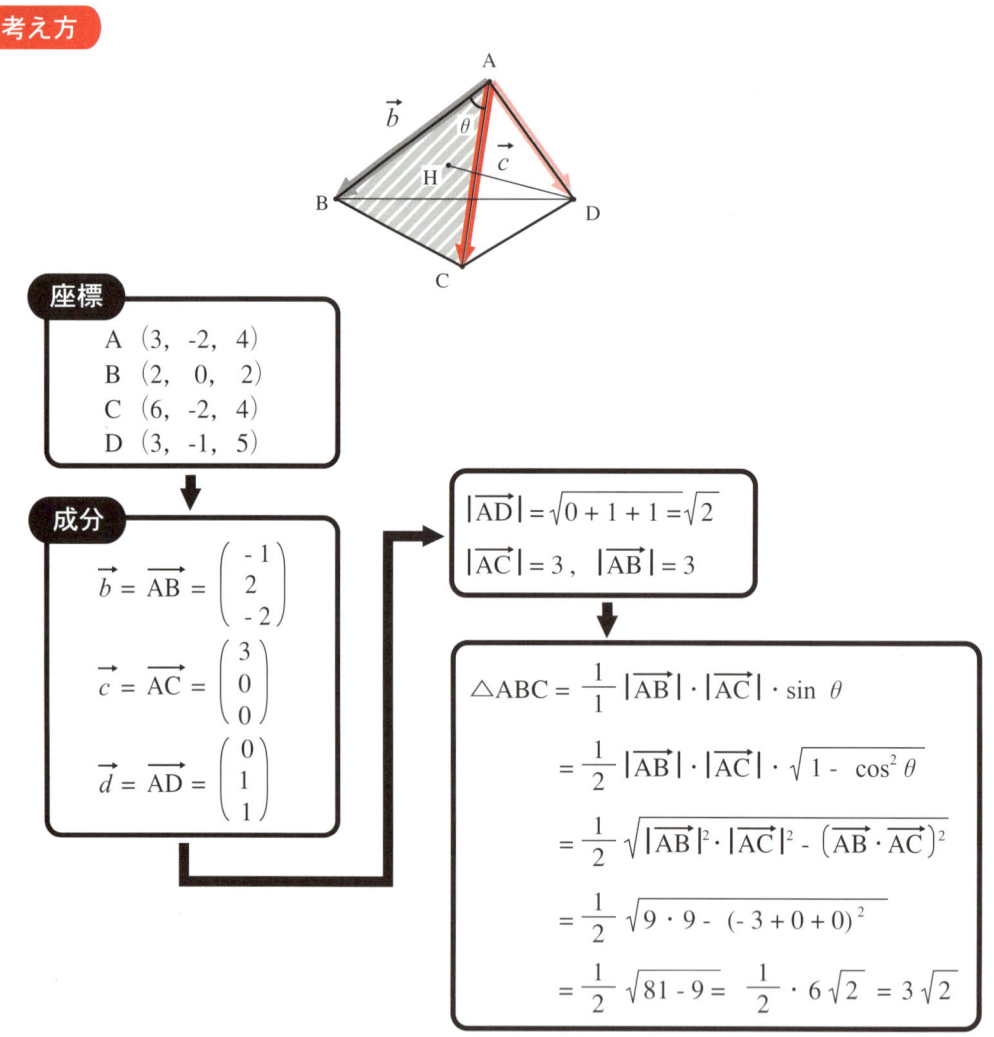

解

考え方

座標
A (3, -2, 4)
B (2, 0, 2)
C (6, -2, 4)
D (3, -1, 5)

成分
$$\vec{b} = \overrightarrow{AB} = \begin{pmatrix} -1 \\ 2 \\ -2 \end{pmatrix}$$

$$\vec{c} = \overrightarrow{AC} = \begin{pmatrix} 3 \\ 0 \\ 0 \end{pmatrix}$$

$$\vec{d} = \overrightarrow{AD} = \begin{pmatrix} 0 \\ 1 \\ 1 \end{pmatrix}$$

$|\overrightarrow{AD}| = \sqrt{0+1+1} = \sqrt{2}$
$|\overrightarrow{AC}| = 3, \ |\overrightarrow{AB}| = 3$

$$\begin{aligned}
\triangle ABC &= \frac{1}{2} |\overrightarrow{AB}| \cdot |\overrightarrow{AC}| \cdot \sin\theta \\
&= \frac{1}{2} |\overrightarrow{AB}| \cdot |\overrightarrow{AC}| \cdot \sqrt{1 - \cos^2\theta} \\
&= \frac{1}{2} \sqrt{|\overrightarrow{AB}|^2 \cdot |\overrightarrow{AC}|^2 - (\overrightarrow{AB} \cdot \overrightarrow{AC})^2} \\
&= \frac{1}{2} \sqrt{9 \cdot 9 - (-3+0+0)^2} \\
&= \frac{1}{2} \sqrt{81-9} = \frac{1}{2} \cdot 6\sqrt{2} = 3\sqrt{2}
\end{aligned}$$

△ABCの底面とした時の高さについて考えよう．
$\overrightarrow{AH} = s\vec{b} + t\vec{c}$ とおく

$\overrightarrow{DH} \perp \vec{b}$ → $\overrightarrow{DH} \cdot \vec{b} = 0$ → $(\overrightarrow{AH} - \overrightarrow{AD}) \cdot \vec{b} = 0$
→ $(s\vec{b} + t\vec{c} - \vec{d}) \cdot \vec{b} = 0$ → $9s - 3t - 0 = 0$ → $3s - t = 0$

Chapter 2　3次元ベクトルの捉え方　　内積の応用　section 2-3

各面がすべて鋭角三角形である四面体ABCDがある．点Pが辺AB上にあり，点Qが三角形ABCの周上にあるとき，$\vec{AB}\cdot\vec{DA} \leq \vec{AP}\cdot\vec{DQ} \leq \vec{AB}\cdot\vec{DB}$を証明せよ．

（名大・情報文化一後）

解

考え方

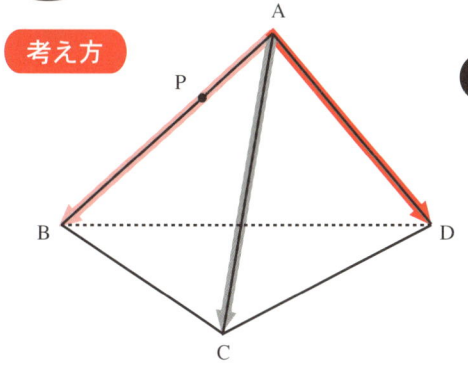

図より

$\vec{AP} = s\vec{AB}$　$(0 \leq s \leq 1)$
よって，証明すべき式は
$\vec{AB}\cdot\vec{DA} \leq s\vec{AB}\cdot\vec{DQ} \leq \vec{AB}\cdot\vec{DB}$
となる．

注意

$\vec{AB}\cdot\vec{DA}$ は一定
$\vec{AB}\cdot\vec{DB}$ も一定
　（理由：点A，B，Cは定点）

$s\vec{AB}\cdot\vec{DQ}$ について

点Qを定めると，$s\vec{AB}\cdot\vec{DQ}$ は s についての一次関数となる．

一次関数のグラフは直線

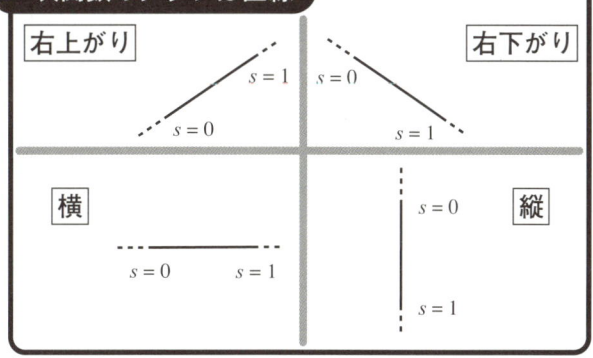

| 右上がり | 右下がり |
| 横 | 縦 |

の4つのタイプを考えること．

$s=0$の時　と　$s=1$の時で不等式が成立する事を示せばよい．

— 99 —

$\overrightarrow{DH} \perp \vec{c}$ → $\overrightarrow{DH} \cdot \vec{c} = 0$ → $(\overrightarrow{AH} - \overrightarrow{AD}) \cdot \vec{c} = 0$

→ $(s\vec{b} + t\vec{c} - \vec{d}) \cdot \vec{c} = 0$ → $-3s + 9t = 0$ → $-s + 3t = 0$

$\begin{cases} 3s - t = 0 \\ -s + 3t = 0 \end{cases}$ より $s = 0, \ t = 0$,

∴ $\overrightarrow{AH} = \vec{0}$ → よって，点Aと点Hは一致する → 高さは $|\overrightarrow{AD}| = \sqrt{2}$

$$\therefore V = \frac{1}{3} \cdot 3\sqrt{2} \times \sqrt{2} = \underline{2}$$

（注）$\overrightarrow{AD} \cdot \overrightarrow{AB} = 0$，$\overrightarrow{AD} \cdot \overrightarrow{AC} = 0$に気付けば，これから平面ABC⊥AD，つまりAD＝高さ，となることがすぐに分かります．

$s=0$ のとき

($s\vec{AB}\cdot\vec{DQ}=0$ は，よくわかるね）

$\vec{AB}\cdot\vec{DA} = -\vec{AB}\cdot\vec{AD} < 0$ （∵ △ABCは鋭角三角形）

$\vec{AB}\cdot\vec{DB} = +\vec{BA}\cdot\vec{BD} > 0$ （∵ △ABCは鋭角三角形）

より，$s=0$ のとき不等式は成立

$s=1$ のとき

$\boxed{\vec{AB}\cdot\vec{DA} \leq \vec{AB}\cdot\vec{DQ} \leq \vec{AB}\cdot\vec{DB}}$ を証明すればよい

・$\vec{AB}\cdot\vec{DQ} - \vec{AB}\cdot\vec{DA} = \vec{AB}\cdot(\vec{DQ}-\vec{DA}) = \vec{AB}\cdot\vec{AQ} \geq 0$

理由
- 点QがBC上またはAC上にあるとき△ABQは鋭角三角形
- 点QがAB上にあるとき
    $\vec{AQ} = l\vec{AB} \quad 0 \leq l \leq 1$
    ∴ $\vec{AB}\cdot\vec{AQ} = l|\vec{AB}|^2 \geq 0$

・$\vec{AB}\cdot\vec{DQ} - \vec{AB}\cdot\vec{DB} = \vec{AB}\cdot(\vec{DQ}-\vec{DB}) = \vec{AB}\cdot\vec{BQ} = -\vec{BA}\cdot\vec{BQ} \leq 0$

空間において，原点Oを中心とする半径1の球面をS，点(0, 0, 1)をP，ベクトル$\overrightarrow{OP}$を$\vec{e}$とする．さらにxy平面上を動く点をQとし，ベクトル$\overrightarrow{OQ}$を$\vec{a}$とする．ただし，$|\vec{a}| \geqq 1$とする．

(1) 点Pと点Qを通る直線とSの交点でPと異なる点をRとするとき，ベクトル$\vec{b} = \overrightarrow{OR}$を$\vec{a}$, $|\vec{a}|$, $\vec{e}$を用いて表せ．

(2) $\vec{a}$と$\vec{b}$の内積が$\dfrac{3}{2}$であるようにQを動かすとき，Qのえがくxy平面上の図形を表す方程式を求めよ． (宇都宮大・教, 農)

解

考え方

(1)

Q on xy - field

P(0, 0, 1)
$\overrightarrow{OP} = \vec{e}$

$\overrightarrow{OQ} = \vec{a}$
$|\vec{a}| \geq 1$

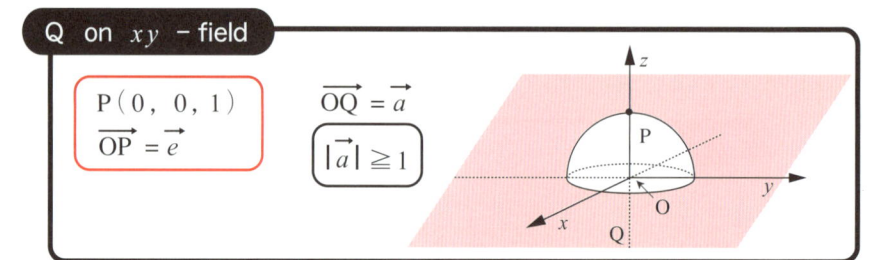

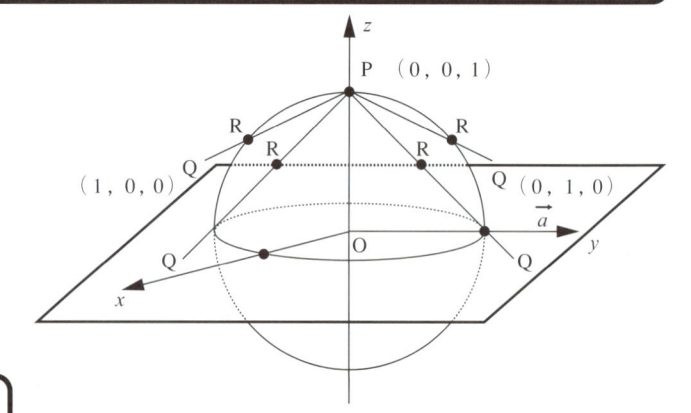

図より

R on PQ $|\overrightarrow{OR}| = 1$

$\overrightarrow{OR} = \overrightarrow{OP} + \overrightarrow{PR}$
$\phantom{\overrightarrow{OR}} = \overrightarrow{OP} + t\overrightarrow{PQ}$ $(0 < t \leq 1)$
$\phantom{\overrightarrow{OR}} = \overrightarrow{OP} + t(\overrightarrow{OQ} - \overrightarrow{OP})$
$\phantom{\overrightarrow{OR}} = (1-t)\overrightarrow{OP} + t\overrightarrow{OQ}$
$\phantom{\overrightarrow{OR}} = (1-t)\vec{e} + t\vec{a}$

t はどうして求まるかな

こういうときは，使っていない条件式を見つける

Chapter 2 3次元ベクトルの捉え方 — 内積の応用 section 2-3

|OR| = 1を使ってなかったね

$(1-t)^2|\vec{e}|^2 + 2t(1-t)\vec{e}\cdot\vec{a} + t^2|\vec{a}|^2 = 1$

$(1-t)^2 + t^2|\vec{a}|^2 = 1$

$(1+|\vec{a}|^2)t^2 - 2t = 0$

$t \neq 0$ より約して

$(1+|\vec{a}|^2)t - 2 = 0$

$t = \dfrac{2}{1+|\vec{a}|^2}$

注目

$\vec{e} \perp \vec{a}$ より
$\vec{e}\cdot\vec{a} = 0$

答

$\therefore \vec{b} = \left(1 - \dfrac{2}{1+|\vec{a}|^2}\right)\vec{e} + \dfrac{2}{1+|\vec{a}|^2}\vec{a}$

$= \dfrac{|\vec{a}|^2 - 1}{|\vec{a}|^2 + 1}\vec{e} + \dfrac{2}{1+|\vec{a}|^2}\vec{a}$

(2)

$\vec{a}\cdot\vec{b} = \dfrac{3}{2}$

$\vec{a}\cdot\left(\dfrac{|\vec{a}|^2 - 1}{|\vec{a}|^2 + 1}\vec{e} + \dfrac{2}{|\vec{a}|^2 + 1}\vec{a}\right) = \dfrac{3}{2}$

展開

$\dfrac{2}{|\vec{a}|^2 + 1}\cdot|\vec{a}|^2 = \dfrac{3}{2}$

理由

$\vec{a} \perp \vec{e}$ より
$\vec{a}\cdot\vec{e} = 0$

$4|\vec{a}|^2 = 3(|\vec{a}|^2 + 1)$

$|\vec{a}|^2 = 3 \quad \underline{|\vec{a}| = \sqrt{3}}$

点Qの軌跡を考えるので
Q$(x, y, 0)$とおく 座標

$\overrightarrow{OQ} = \vec{a} = \begin{pmatrix} x \\ y \\ 0 \end{pmatrix}$ ……成分

答

$x^2 + y^2 = 3$
$z = 0$

Chapter 3

複素数の世界
(Complex number)

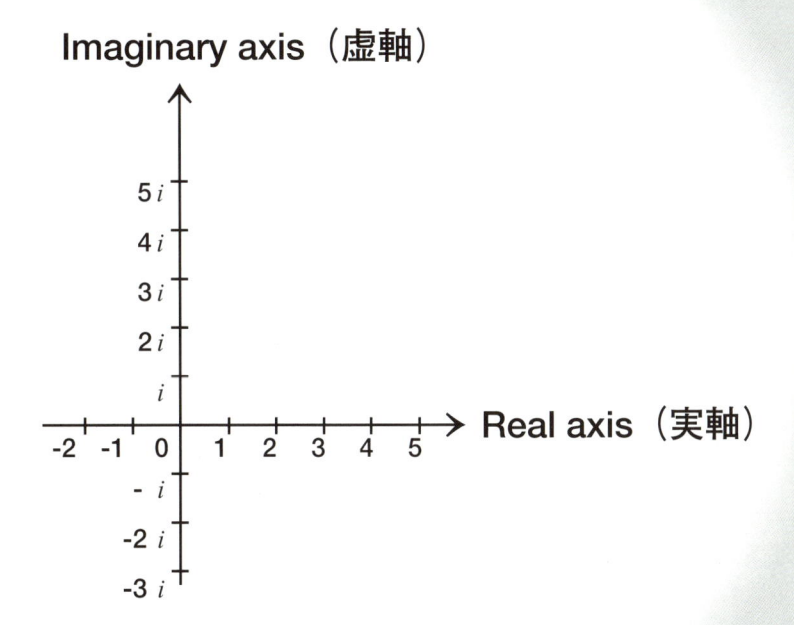

1次結合の世界

基底

平面上には平行でない2つのベクトル $\vec{a}, \vec{b}$ があれば任意ベクトル $\vec{x}$ は
$$\vec{x} = x\vec{a} + y\vec{b} \quad (x, y は実数)$$
の形に書ける．このとき，$\vec{a}, \vec{b}$ を基底（basis）と言い，上の形を $\vec{a}, \vec{b}$ の一次結合という．

複素平面でも，3点，O，α，β が一直線上にないとき，α，β を基底とする1次結合を考えることができる．任意の複素数 z は

$z = s\alpha + t\beta \quad (x, y は実数)$

の形で書ける．先に1つの点 z_1 を定め，z_1 を α，β の1次結合で表したいときは，下図のように点 z_1 を通って2直線 $O\alpha$，$O\beta$ に平行な直線を引き，2直線 $O\alpha$，$O\beta$ との交点を z_2, z_3 として，$z_1 = z_2 + z_3$ とすればよい．
右図の場合であれば，

$z_1 = 3.5\alpha + 2.5\beta$

となる．

$z_1 = s\alpha + t\alpha$ において

$s > 0, \ t > 0$

で s, t が変化するとき，点 z は，平面全体を2直線 $O\alpha$，$O\beta$ で分けた4つの領域のうち点 $\alpha + \beta$ を含む側（図の右上の部分）を動く．この領域を α-β 系における第一象限という．
α-β 系という書き方は数学者によって異なり $<\alpha, \beta>$ 系などと表す人もいる．

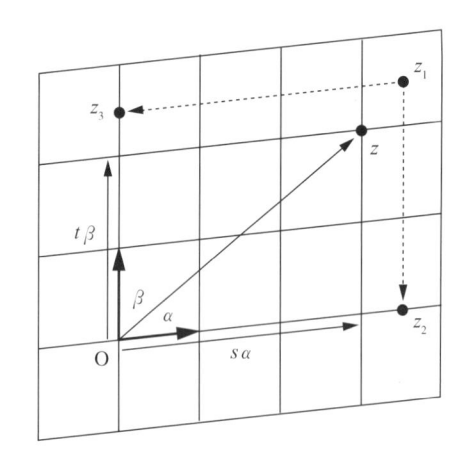

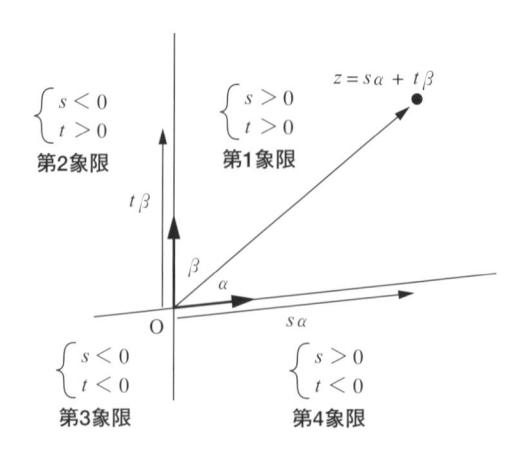

直線上の点の表示

点 α を通ってベクトル v に平行な直線上の点 z は，
$$z = \alpha + tv$$
と書ける．ただし，α, v, z は複素数であるが t は実数である．ただし，「ベクトル v」とは次のものとする．『点Oから点 v に向かうベクトルを「ベクトル v」とよび，さらにこれを平行移動したベクトルも単に「ベクトル v」と呼ぶ』

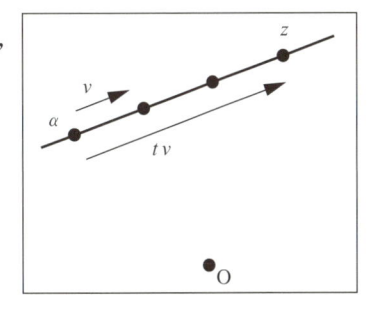

2点 α, β を通る直線上の点 z は，
$$\overrightarrow{Oz} = \overrightarrow{O\alpha} + \overrightarrow{\alpha z}$$
$$= \overrightarrow{O\alpha} + t\overrightarrow{\alpha\beta}$$
と考え，
$$z = \alpha + t(\beta - \alpha)$$
$$\therefore \quad z = (1-t)\alpha + t\beta \quad (t \text{ は実数}) と表せる．$$

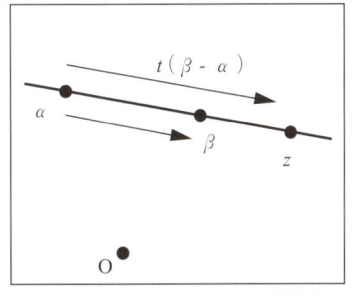

3点O, α, β が一直線上にないとき，任意の複素数 z は

$z = s\alpha + t\beta$ (s, t は実数)
の形に書けた．特に点 z が
(ア) 直線 $\alpha\beta$ 上にあるときは　　　　　$s + t = 1$
(イ) 線分 $\alpha\beta$ 上にあるときは　　　　　$s + t = 1$, $0 \leqq s \leqq 1$
(ウ) 3角形O$\alpha\beta$ の内部にあるときは　$s > 0$, $t > 0$, $s + t < 1$ ……①
(エ) 3角形O$\alpha\beta$ の周または内部にあるときは
　　　　　　　　　　　　　　　　　　　　　$s \geqq 0$, $t \geqq 0$, $s + t \leqq 1$

①について解説しよう．直交座標ならば長方形を作った．したがって，斜交座標では平行四辺形を作る．z が3角形O$\alpha\beta$ の内部にあるのは次のときである．

まず，α-β系の第1象限にあるから
$s > 0$, $t > 0$

次に，直線 $\alpha\beta$ に関して原点Oと同じ側にあるときだから，点 z を通って直線Oβ に平行な直線を引き，直線 $\alpha\beta$ との交点を z_0 とする．z_0 は直線 $\alpha\beta$ 上にあるから
$$z_0 = s\alpha + (1-s)\beta$$
と表せて，z はこれよりも β の係数が小さい場合であるから $t < 1 - s$ となる．

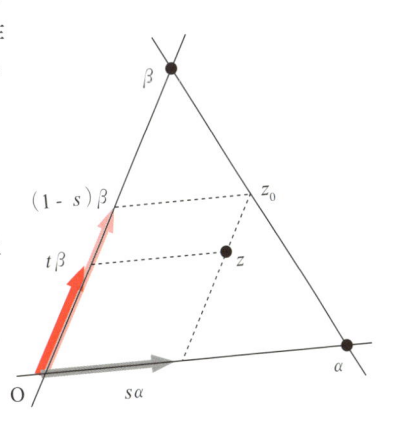

Section 3-1

2次元ベクトルと同じに考える

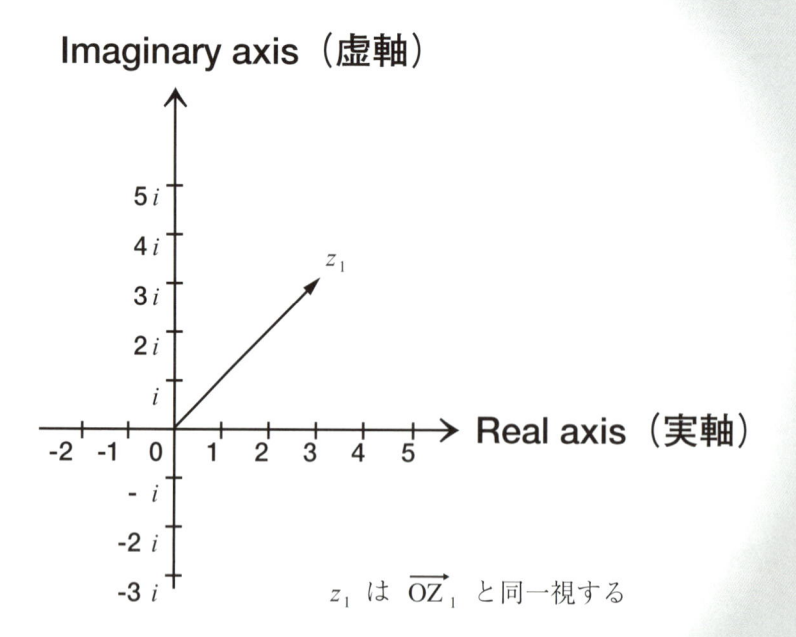

Imaginary axis（虚軸）

z_1 は $\overrightarrow{OZ_1}$ と同一視する

Chapter 3 複素数の世界 — 2次元ベクトルと同じに考える — section 3-1

z を複素数とするとき,次のそれぞれの方程式の解の個数を求めよ.
(a) $|z^4 - 1| + |z^6 - 1| = 0$
(b) $|z^4 - 1| \cdot |z^6 - 1| = 0$

（津田塾大・情報数理科学）

解

考え方

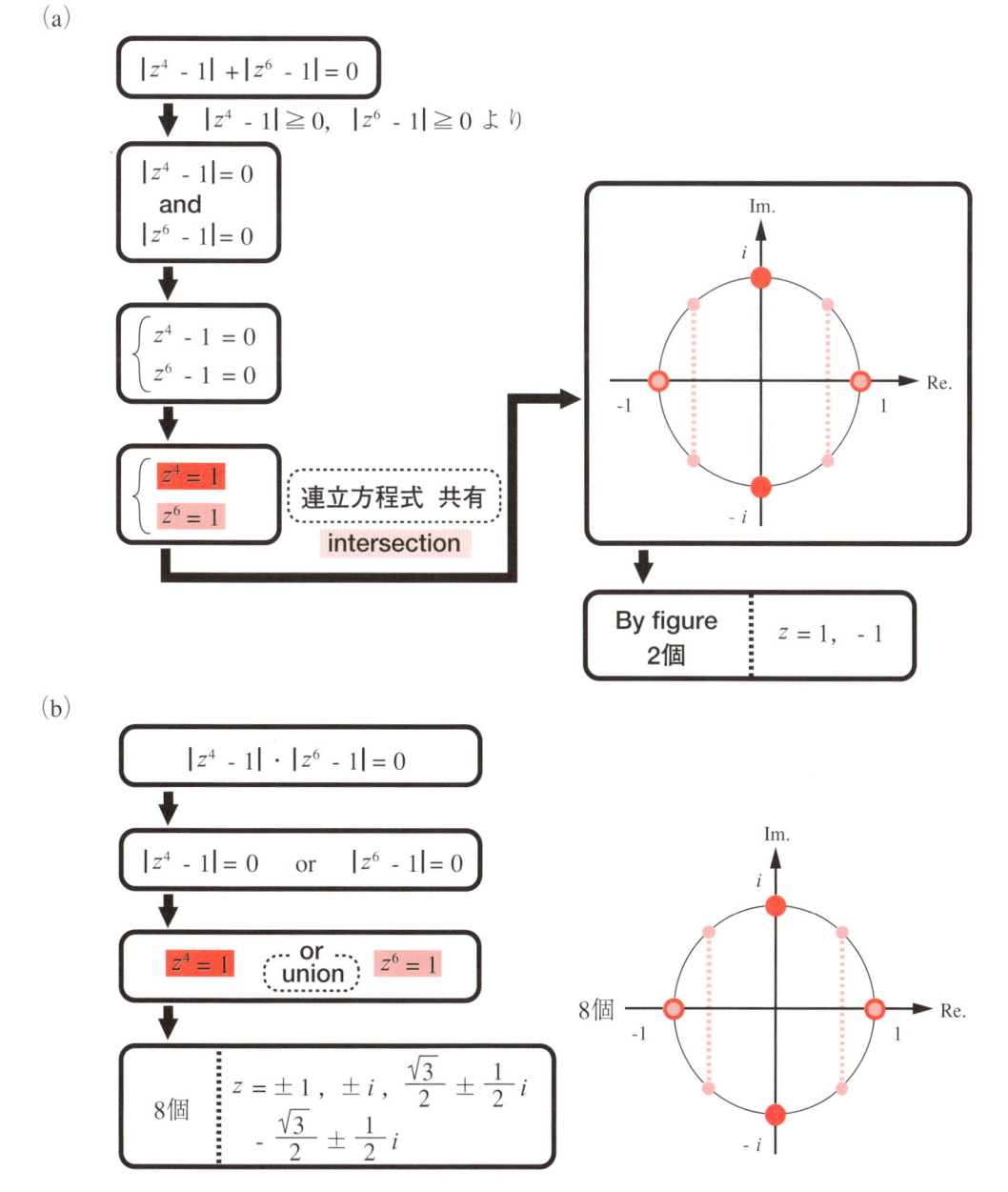

(a)

$|z^4 - 1| + |z^6 - 1| = 0$

↓ $|z^4 - 1| \geqq 0,\ |z^6 - 1| \geqq 0$ より

$|z^4 - 1| = 0$ and $|z^6 - 1| = 0$

↓

$\begin{cases} z^4 - 1 = 0 \\ z^6 - 1 = 0 \end{cases}$

↓

$\begin{cases} z^4 = 1 \\ z^6 = 1 \end{cases}$ 連立方程式 共有 intersection

→ By figure 2個 $z = 1,\ -1$

(b)

$|z^4 - 1| \cdot |z^6 - 1| = 0$

↓

$|z^4 - 1| = 0$ or $|z^6 - 1| = 0$

↓

$z^4 = 1$ or union $z^6 = 1$

↓

8個 $z = \pm 1,\ \pm i,\ \dfrac{\sqrt{3}}{2} \pm \dfrac{1}{2}i,\ -\dfrac{\sqrt{3}}{2} \pm \dfrac{1}{2}i$

8個

Chapter 3 複素数の世界　　　2次元ベクトルと同じに考える　section 3-1

4次方程式$(x^2 - 2ax + a^2 + 1)(x^2 - 4x + b) = 0$は，互いに異なる4つの解をもつとする．複素数平面上で，これらの4つの解の表す点が正方形の4頂点になるような実数a, bの組をすべて求めよ．また，各a, bの組に対して，上の4次方程式の解を求めよ．

（和歌山大）

解

考え方

$(x^2 - 2ax + a^2 + 1)(x^2 - 4x + b) = 0$

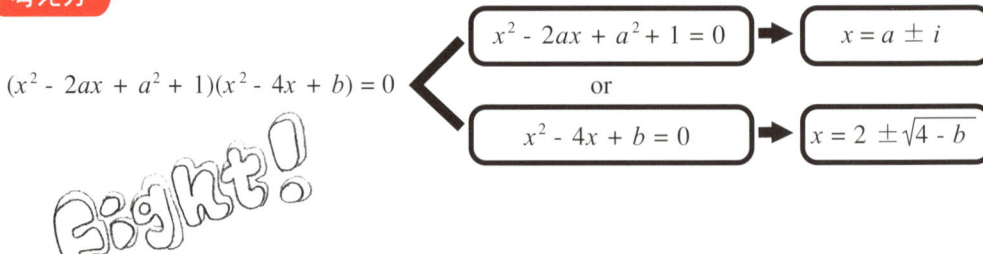

- $x^2 - 2ax + a^2 + 1 = 0$ → $x = a \pm i$
- or
- $x^2 - 4x + b = 0$ → $x = 2 \pm \sqrt{4 - b}$

$A(a + i)$
$B(a - i)$
とおく．

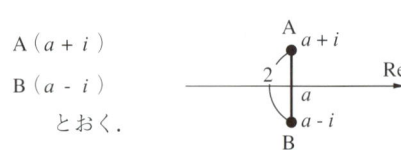

Image of square（正方形）

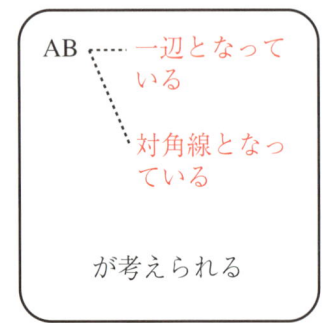

- AB が**一辺となっている** が考えられる
- AB が**対角線となっている**

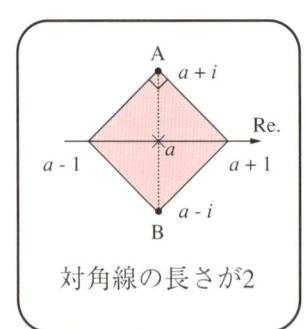

対角線の長さが2（$A(a+i)$, $B(a-i)$, $a-1$, $a+1$）

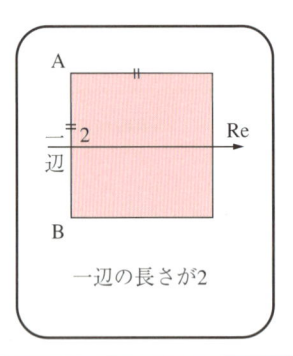

一辺の長さが2

$4 - b > 0$ のとき A，Bの他の2点はRe軸上にある

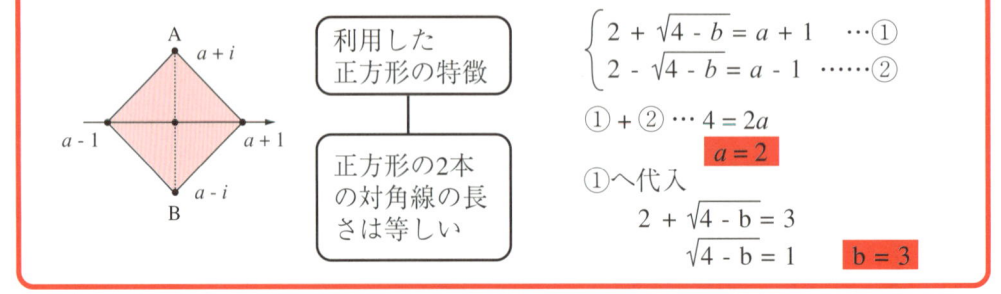

利用した正方形の特徴：正方形の2本の対角線の長さは等しい

$$\begin{cases} 2 + \sqrt{4 - b} = a + 1 & \cdots ① \\ 2 - \sqrt{4 - b} = a - 1 & \cdots ② \end{cases}$$

① + ② … $4 = 2a$

$a = 2$

① へ代入

$2 + \sqrt{4 - b} = 3$

$\sqrt{4 - b} = 1$

$b = 3$

Chapter 3 複素数の世界　　2次元ベクトルと同じに考える　section 3-1

4 − b < 0 のとき A，Bの他の2点はRe軸上にない

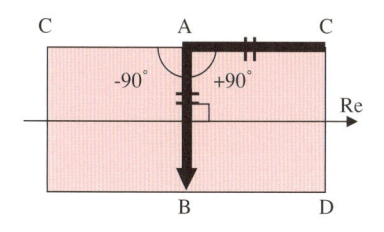

ベクトルとして考えてみよう
$\vec{AB} = -2i$
$\vec{AC} = \vec{AB} \cdot \text{cis}(\pm 90°)$
$\quad = -2i\,\text{cis}(\pm 90°)$
$\quad = -2i(\pm i)$
$\quad = \pm 2$ （複号同順）

attention

cisについて

$2(\underline{\cos\theta} + \underline{\underline{i\sin\theta}})$
を $2\,\text{cis}\,\theta$ と表現する．
（英語の解説を読むこと）

ちょっと一言

$r(\cos\theta + i\sin\theta) = r\,\text{cis}\,\theta$
と表現する

（例）$\text{cis}\,90° = 1(\cos 90° + i\sin 90°)$

$\vec{AC} = 2$ のとき

点Aスタートで
2右へ動く．

$(a + 2) + i = 2 + \sqrt{4 - b}\,i$
$a = 0,\ b = 5$

$\vec{AC} = -2$ のとき

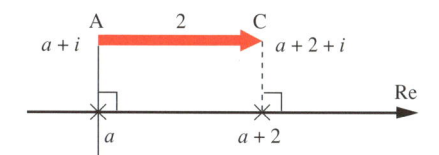

点Aスタートで
2左へ動く．

$(a - 2) + i = 2 + \sqrt{4 - b}\,i$
$a = 4,\ b = 5$

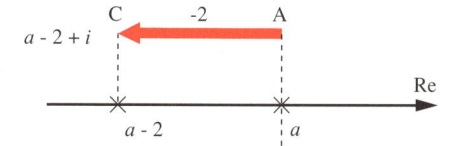

以上より

答

$(a,\ b) = (2,\ 3)$ のとき
4点は $2 \pm i,\ 3,\ 1$

$(a,\ b) = (0,\ 5)$ のとき
4点は $\pm i,\ 2 \pm i$

$(a,\ b) = (4,\ 5)$ のとき
4点は $4 \pm i,\ 2 \pm i$

Chapter 3 複素数の世界 — 2次元ベクトルと同じに考える section 3-1

複素数平面上で，複素数 w が $|w+2-i|=2|w-1-i|$ を満たすとき 全体はどのような図形を描くか. （北海学園大・工，一部略）

解

考え方

$|w+2-i|=2|w-1-i|$

↓

$|w-(-2+i)|=2|w-(1+i)|$

P(w), A($-2+i$) のとき	P(w), B($1+i$) のとき
$|\overrightarrow{AP}|$ 線分の長さ	$|\overrightarrow{BP}|$ 線分の長さ

→ $|\overrightarrow{AP}|=2|\overrightarrow{BP}|$

外項の積

$|\overrightarrow{AP}|:|\overrightarrow{BP}|=2:1$

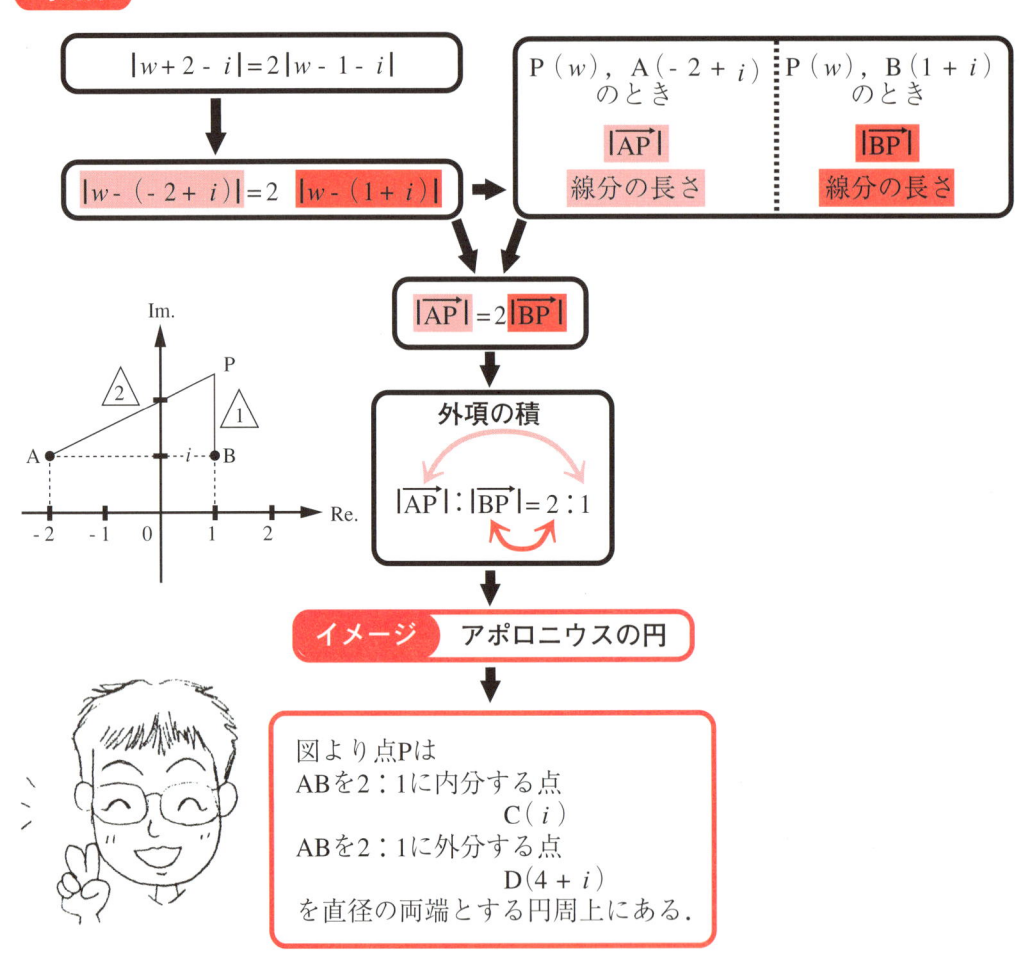

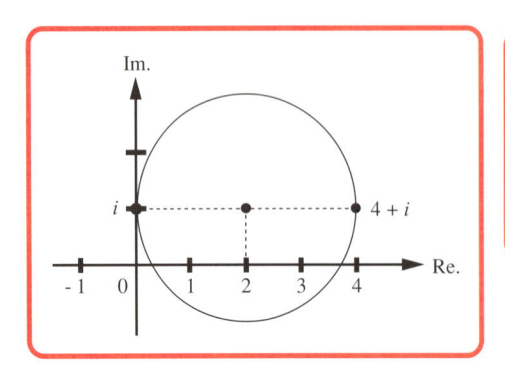

イメージ アポロニウスの円

図より点Pは
ABを 2：1 に内分する点 C(i)
ABを 2：1 に外分する点 D($4+i$)
を直径の両端とする円周上にある.

図をよーく見よう

答

中心はCDの中点 ……… $2+i$
半径 ……………… 2
の円周となる

Chapter 3 複素数の世界 2次元ベクトルと同じに考える section 3-1

複素平面上で $3-i$, $2+3i$, $-1-2i$ を表す点をそれぞれA,B,Cとする.このとき,線分BA,BCを2辺とする平行四辺形の頂点Dを表す複素数を求めよ.

(福井工大,一部略)

解

考え方

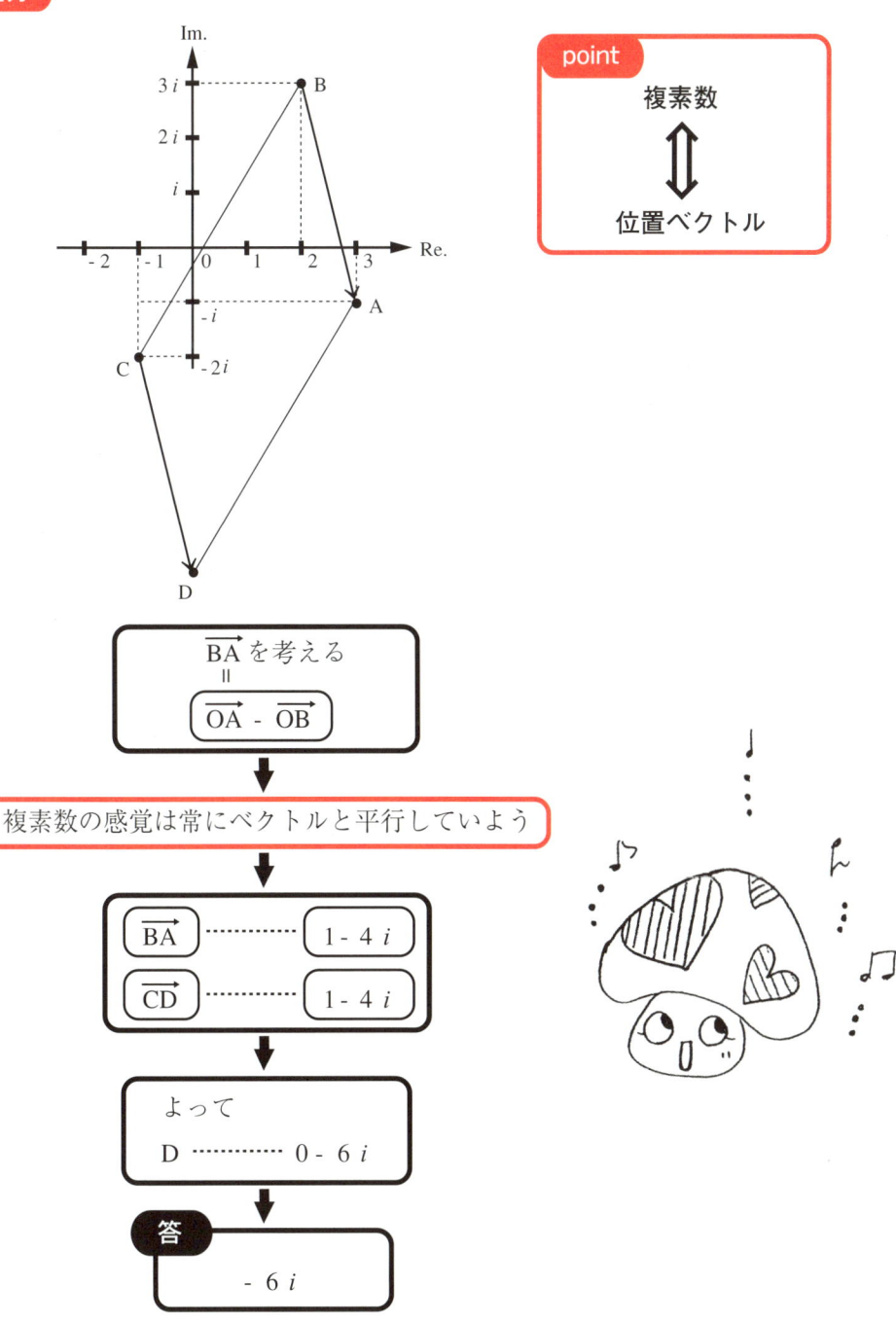

point
複素数 ⇔ 位置ベクトル

$\overrightarrow{BA}$ を考える
= $\overrightarrow{OA} - \overrightarrow{OB}$

複素数の感覚は常にベクトルと平行していよう

$\overrightarrow{BA}$ ……… $1-4i$
$\overrightarrow{CD}$ ……… $1-4i$

よって
D ……… $0-6i$

答
$-6i$

Chapter 3 複素数の世界　　2次元ベクトルと同じに考える　section 3-1

z を複素数とし，複素数平面上に3つの領域

$$\frac{z+\overline{z}}{2} \geqq 0 \cdots\cdots\cdots ①$$

$$\frac{z-\overline{z}}{2i} \geqq 0 \cdots\cdots\cdots ②$$

$$\frac{z}{1+i} + \frac{\overline{z}}{1-i} \geqq 1 \cdots ③$$

が与えられている．

(1) ①，②を同時に満たす点 w の存在する範囲を複素平面上に図示せよ．
(2) ①，②，③を同時に満たす点 w の存在する範囲を複素平面上に図示せよ．
(3) 点 z が①，②，③を同時に満たす範囲を動くとき，点 $w = \dfrac{z+2i}{z}$ の存在を複素平面上に図示せよ． 　　　　　　　　　　　　（長崎総科大）

解

考え方

(1)

わかるかな？
$z + \overline{z} = 2 \times \mathrm{Re}\, z$
$z - \overline{z} = 2i \times \mathrm{Im}\, z$

⟺

確認
$\mathrm{Re}\, z = z$ の実部　real part
$\mathrm{Im}\, z = z$ の虚部　imaginary part

↓

① $\mathrm{Re}\, z \geqq 0$
② $\mathrm{Im}\, z \geqq 0$

↓

（図：複素平面の第2象限を斜線で示す．Im軸，Re軸を含む）

斜線部分
（Im軸，Re軸を含む）

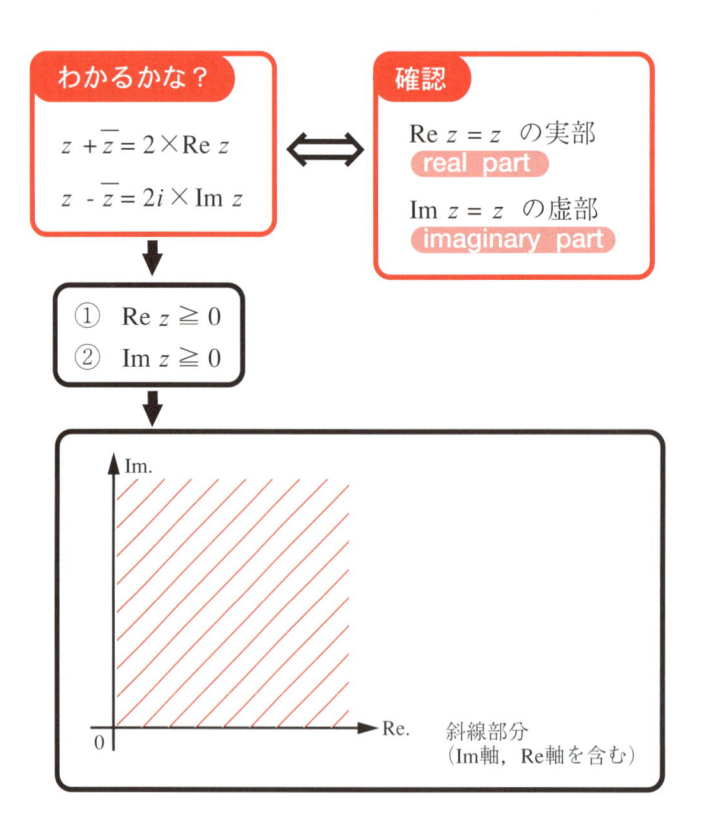

— 114 —

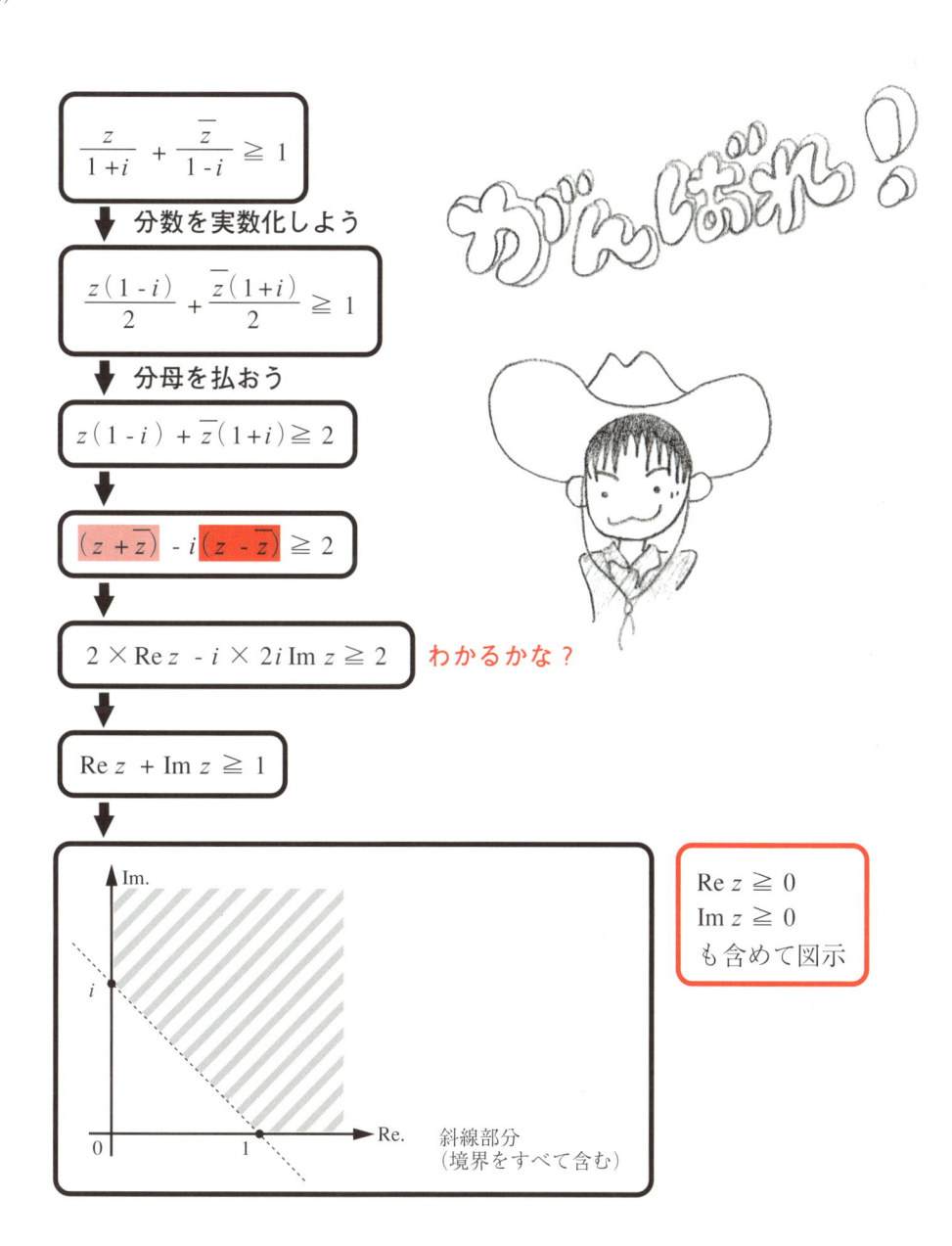

(2)

$$\frac{z}{1+i} + \frac{\overline{z}}{1-i} \geq 1$$

↓ 分数を実数化しよう

$$\frac{z(1-i)}{2} + \frac{\overline{z}(1+i)}{2} \geq 1$$

↓ 分母を払おう

$$z(1-i) + \overline{z}(1+i) \geq 2$$

↓

$$(z+\overline{z}) - i(z-\overline{z}) \geq 2$$

↓

$$2 \times \operatorname{Re} z - i \times 2i \operatorname{Im} z \geq 2$$

わかるかな？

↓

$$\operatorname{Re} z + \operatorname{Im} z \geq 1$$

↓

斜線部分（境界をすべて含む）

$\operatorname{Re} z \geq 0$
$\operatorname{Im} z \geq 0$
も含めて図示

がんばれ！

(3)

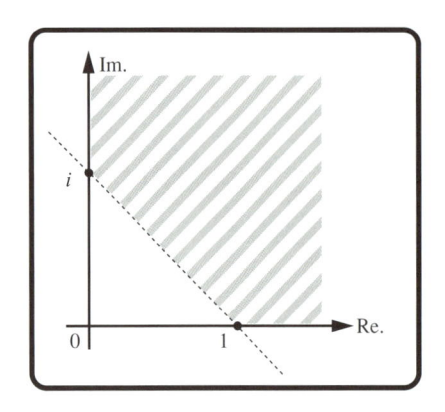

z の存在する部分

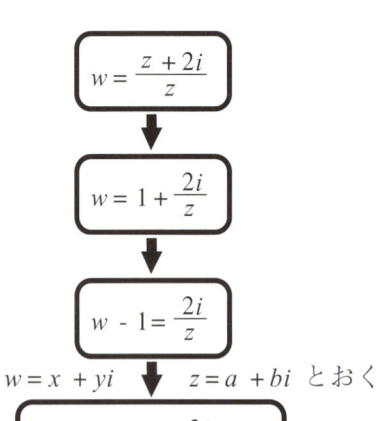

$$w = \frac{z + 2i}{z}$$

↓

$$w = 1 + \frac{2i}{z}$$

↓

$$w - 1 = \frac{2i}{z}$$

$w = x + yi$　　$z = a + bi$ とおく

↓

$$a + bi = \frac{2i}{(x-1) + yi}$$

↓

$$= \frac{2i\{(x-1) - iy\}}{(x-1)^2 + y^2}$$

wの動きを見るので wを x, y で表現するとよい

↓ 分母の有理化

$$a = \frac{2y}{(x-1)^2 + y^2}$$ 　両辺の実部

$$b = \frac{2(x-1)}{(x-1)^2 + y^2}$$ 　両辺の虚部

ちょっと一言

常に **実部・虚部** を見ていることが大事だよ．

↓

Chapter 3 複素数の世界

2次元ベクトルと同じに考える　section 3-1

(1) の結果より

$$\dfrac{2y}{(x-1)^2+y^2} \geqq 0 \;\; \Rightarrow \;\; y \geqq 0$$

$$\dfrac{2(x-1)}{(x-1)^2+y^2} \geqq 0 \;\; \Rightarrow \;\; x \geqq 1$$

(2) の結果より

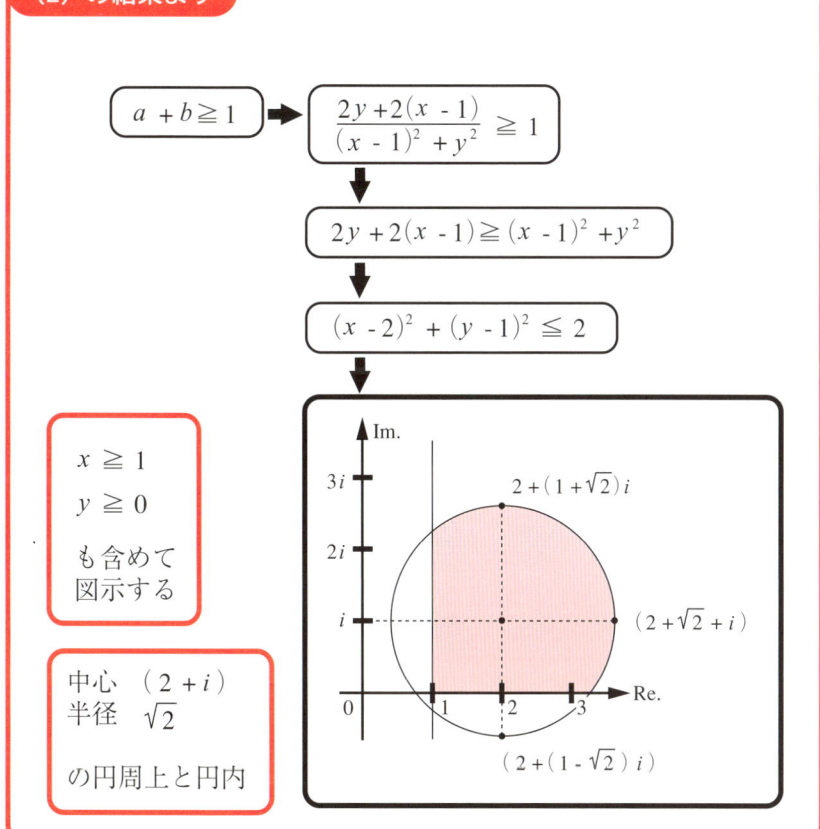

$a+b \geqq 1 \;\; \Rightarrow \;\; \dfrac{2y+2(x-1)}{(x-1)^2+y^2} \geqq 1$

↓

$2y+2(x-1) \geqq (x-1)^2+y^2$

↓

$(x-2)^2+(y-1)^2 \leqq 2$

↓

$x \geqq 1$
$y \geqq 0$
も含めて図示する

中心 $(2+i)$
半径 $\sqrt{2}$
の円周上と円内

図中の点: $2+(1+\sqrt{2})i$, $(2+\sqrt{2}+i)$, $(2+(1-\sqrt{2})i)$

Chapter 3 複素数の世界   2次元ベクトルと同じに考える section 3-1

$\theta = \dfrac{360°}{7}$, $\alpha = \cos\theta + i\sin\theta$, $\beta = \alpha + \alpha^2 + \alpha^4$ のとき,

(1) $\overline{\alpha} = \alpha^6$ を示せ.

(2) $\beta + \overline{\beta}$, $\beta\overline{\beta}$ を求めよ.

(3) $\sin\theta + \sin2\theta + \sin4\theta$ を求めよ.　　　　　　　　　　　（小樽商大）

解

考え方

まず，どういう所に α が存在するのかをはっきりさせようね．
その為には $\dfrac{360°}{7}$ がどの程度の角度なのかを知らなければならないね．

$\boxed{\dfrac{360°}{7} \fallingdotseq 51.4}$

この位の角度だよ！

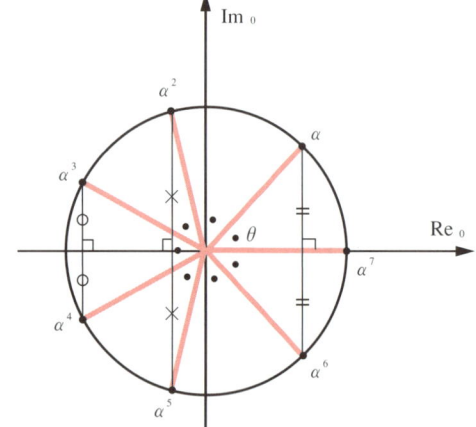

上の図をよ～く見ると

◎ α と α^6 は実軸について線対称　　∴ $\overline{\alpha} = \alpha^6$
◎ α^3 と α^4 は実軸について線対称　　∴ $\overline{\alpha^3} = \alpha^4$
◎ α^2 と α^5 は実軸について線対称　　∴ $\overline{\alpha^2} = \alpha^5$

わかるかな？

(1)
$$\begin{cases} \alpha^7 = 1 \\ \alpha\bar{\alpha} = |\alpha|^2 = 1 \end{cases}$$ より　$\bar{\alpha} = \dfrac{1}{\alpha} = \dfrac{\alpha^7}{\alpha} = \alpha^6$　　∴ $\bar{\alpha} = \alpha^6$

(2) $\beta + \bar{\beta} = (\alpha + \alpha^2 + \alpha^4) + (\bar{\alpha} + \bar{\alpha}^2 + \bar{\alpha}^4) = (\alpha + \bar{\alpha}) + (\alpha^2 + \bar{\alpha}^2) + (\alpha^4 + \bar{\alpha}^4)$

① $\bar{\alpha} = \alpha^6$　② $\bar{\alpha}^2 = \alpha^{12} = \alpha^5$　③ $\bar{\alpha}^4 = \alpha^{24} = \alpha^3$　より

$= (\alpha + \alpha^6) + (\alpha^2 + \alpha^5) + (\alpha^4 + \alpha^3)$

ところで，ちょっと考えてみよう

$\alpha^7 = 1$
$\alpha^7 - 1 = 0$
$(\alpha - 1)(\alpha^6 + \alpha^5 + \alpha^4 + \alpha^3 + \alpha^2 + \alpha + 1) = 0$

となるね．
$\alpha \neq 1$ より
　　∴ $\alpha^6 + \alpha^5 + \alpha^4 + \alpha^3 + \alpha^2 + \alpha + 1 = 0$

∴ $\beta + \bar{\beta} = -1$

となる．
$\beta\bar{\beta} = (\alpha + \alpha^2 + \alpha^4)(\alpha^6 + \alpha^5 + \alpha^3)$

展開
$= 1 + \alpha^6 + \alpha^4 + \alpha + 1 + \alpha^5 + \alpha^3 + \alpha^2 + 1$
$= 2$

(3) $\sin\theta + \sin 2\theta + \sin 4\theta$ と $\text{Im}\,\beta$ は同一だね．

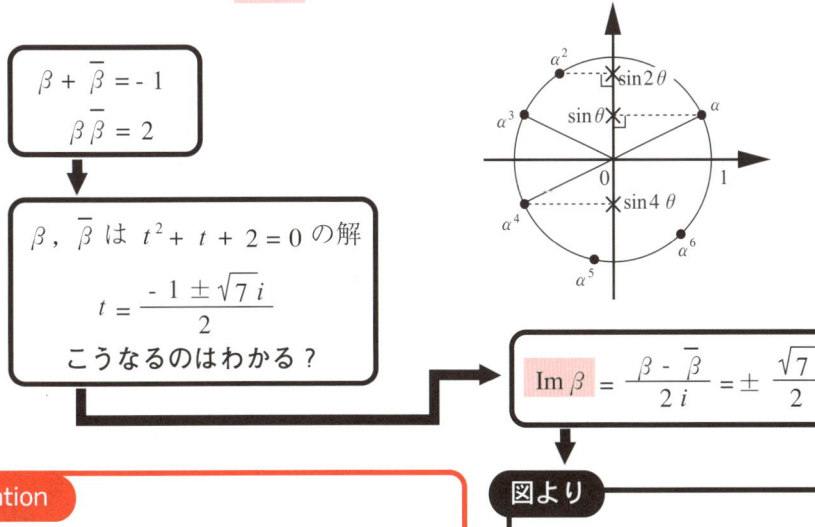

$\begin{cases} \beta + \bar{\beta} = -1 \\ \beta\bar{\beta} = 2 \end{cases}$

↓

$\beta, \bar{\beta}$ は $t^2 + t + 2 = 0$ の解

$t = \dfrac{-1 \pm \sqrt{7}\,i}{2}$

こうなるのはわかる？

$\text{Im}\,\beta = \dfrac{\beta - \bar{\beta}}{2i} = \pm\dfrac{\sqrt{7}}{2}$

attention

$\text{Im}\,\beta$ とは β の虚部（imaginary part）です．
$\text{Re}\,\beta$ とは β の実部（real part）です．

図より

$\sin\theta + \sin 2\theta + \sin 4\theta > 0$

∴ $\text{Im}\,\beta = \dfrac{\sqrt{7}}{2}$

Chapter 3 複素数の世界　　2次元ベクトルと同じに考える　section 3-1

z_1, z_2を0と異なる複素数とし，$z_3 = |z_2|z_1 + |z_1|z_2$とおく．このとき，$z_3^2$, z_1z_2, 0は複素数平面上で同一直線にあることを示せ．　　　　（岡山大・理一後）

解

考え方

(1)

$z_1 \neq 0$, $z_2 \neq 0$,

$$z_3 = |z_2|z_1 + |z_1|z_2$$

$z_3^2 = (|z_2|z_1 + |z_1|z_2)^2$

$\quad = |z_2|^2 z_1^2 + 2|z_1 z_2||z_1 z_2| + |z_1|^2 z_2^2$

$\quad = z_2 \overline{z_2} z_1^2 + 2|z_1 z_2||z_1 z_2| + z_1 \overline{z_1} z_2^2$

$\quad = z_1 z_2 (\overline{z_2} z_1 + 2|z_1 z_2| + \overline{z_1} z_2)$

$$z_1 \overline{z_2} + \overline{z_1 \overline{z_2}} = 2\mathrm{Re}(z_1 \overline{z_2})$$

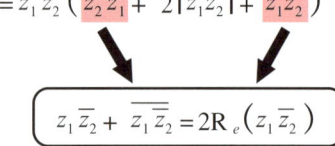

image

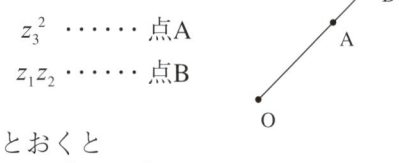

z_3^2 ‥‥‥ 点A

$z_1 z_2$ ‥‥‥ 点B

とおくと

$\overrightarrow{OA} = t\overrightarrow{OB}$　より　$z_3^2 = t(z_1 z_2)$

を満たす実数 t の存在の確認．

記号の復習

Re. Z ‥‥‥ Zの実部

Im. Z ‥‥‥ Zの虚部

よって，

$\overline{z_2} z_1 + 2|z_1 z_2| + \overline{z_1} z_2$ は

実数となる．

よって，

$$t = 2\mathrm{Re.}(z_1 \overline{z_2}) + 2|z_1 z_2|$$

とおくと

$z_3^2 = (z_1 z_2) \cdot t$　（t は実数）

の形になる．

以上より，z_3^2, $z_1 z_2$, 0は同一直線上にある．

確認事項

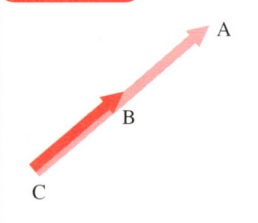

点A，B，Cが
一直線をなす条件

$\overrightarrow{OA} = t\overrightarrow{OB}$

なる実数 t の存在

Chapter 3 複素数の世界 — 2次元ベクトルと同じに考える　section 3-1

複素数 z に対して次の2条件を考える．
 (ⅰ) $1, z^2, z^3$ はすべて異なる．
 (ⅱ) $1, z^2, z^3$ は複素数平面上において一直線上にある．
(1) 条件（ⅰ）を満たさない複素数 z をすべて求めよ．
(2) 条件（ⅰ），（ⅱ）をともに満たす z の範囲を求め図示せよ．

（三重大・教一後）

解

考え方

(1)

(ⅰ) について

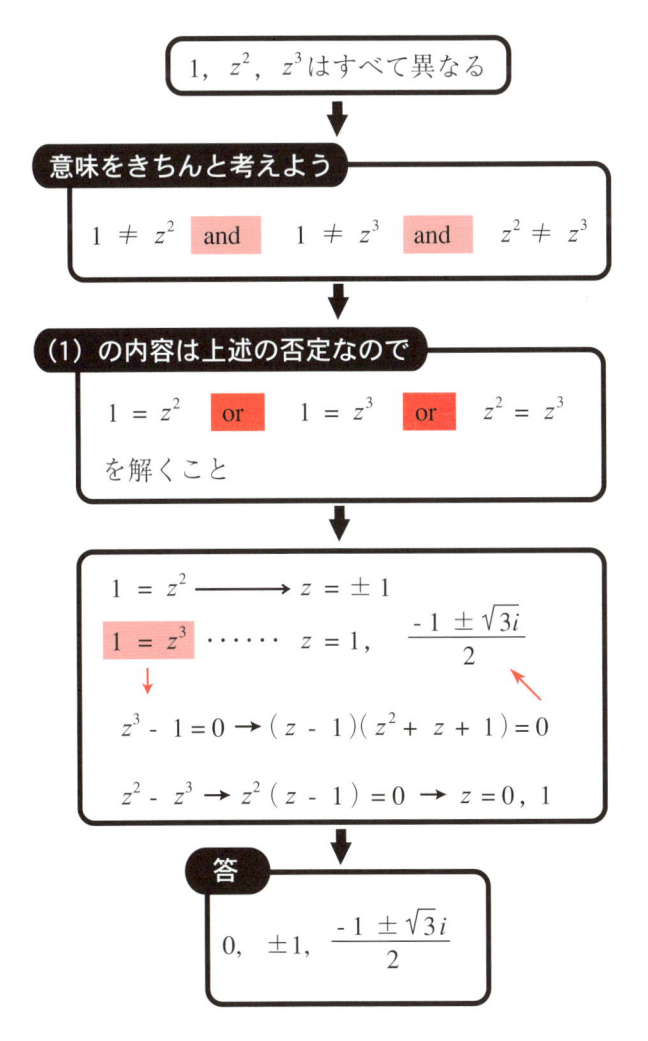

$1, z^2, z^3$ はすべて異なる
　↓
意味をきちんと考えよう
$1 \neq z^2$ and $1 \neq z^3$ and $z^2 \neq z^3$
　↓
(1) の内容は上述の否定なので
$1 = z^2$ or $1 = z^3$ or $z^2 = z^3$
を解くこと
　↓
$1 = z^2 \longrightarrow z = \pm 1$
$1 = z^3 \cdots\cdots z = 1,\ \dfrac{-1 \pm \sqrt{3}i}{2}$
　↓
$z^3 - 1 = 0 \to (z-1)(z^2 + z + 1) = 0$
$z^2 = z^3 \to z^2(z-1) = 0 \to z = 0, 1$
　↓
答
$0,\ \pm 1,\ \dfrac{-1 \pm \sqrt{3}i}{2}$

(2)

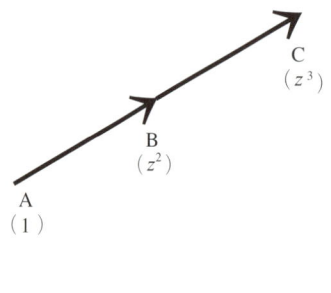

(ii) について

A (1), B (z^2), C (z^3)

ベクトルとして考える

$\vec{AB} = t\vec{AC}$
なる実数 t が存在する．（$t \neq 0$）

複素数表現

$z^2 - 1 = t(z^3 - 1)$

$(z+1)(z-1) = t(z+1)(z^2+z+1)$
z は（ i ）を満たすので $z \neq 1$
よって，$z-1$ が約せる．

$z + 1 = t(z^2 + z + 1)$

ちょっと一言

$z \neq -1$ より（（ i ）の結果）
分母に $z+1$ は可能

$\dfrac{1}{t} = \dfrac{z^2 + z + 1}{z + 1}$

$= \dfrac{z^2}{z+1} + 1$

$\dfrac{1}{t}$ は実数より

$\dfrac{z^2}{z+1}$ が実数になればよい

$\dfrac{z^2}{z+1} = \overline{\left(\dfrac{z^2}{z+1}\right)}$

$\dfrac{z^2}{z+1} = \dfrac{\overline{z}^2}{\overline{z}+1}$

$(z+1)(\overline{z^2}) = z^2(\overline{z}+1)$

$z\overline{z}^2 + \overline{z}^2 = z^2\overline{z} + z^2$

Chapter 3 複素数の世界　　2次元ベクトルと同じに考える　section 3-1

$$z\bar{z}^2 + \bar{z}^2 - \bar{z}^2\bar{z} - z^2 = 0$$

$$z\bar{z}(\bar{z} - z) + (\bar{z} + z)(\bar{z} - z) = 0$$

$$(\bar{z} - z) \cdot (z\bar{z} + z + \bar{z}) = 0$$

$$(\bar{z} - z)\{(z+1) \cdot (\bar{z}+1) - 1\} = 0$$

$$(\bar{z} - z)(|z+1|^2 - 1) = 0$$

$$\bar{z} = z \quad \text{or} \quad |z+1|^2 = 1$$

$z = \bar{z}$
意味　$z = x + yi$ とおく
　　　$x + yi = x - yi$
　　　$\therefore y = 0$
よって，z は実軸上にある．

$|z+1|^2 = 1$ より
$|z+1| = 1$
これは
中心　-1
半径　1
の円周を表している．

Fight!

以上より，
　　○であらわしてある
　　$z = \pm 1, 0, \dfrac{-1 \pm \sqrt{3}i}{2}$
を除く実線上に z はある．

Section 3-2

複素数の世界の移動は
平行移動 **回転移動**

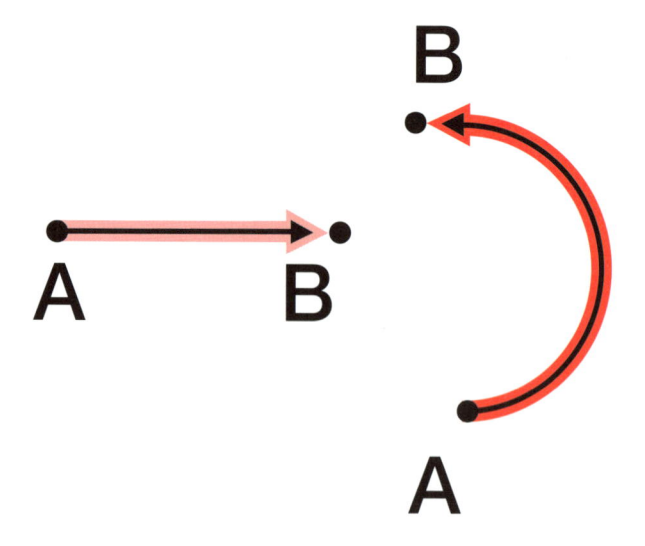

Chapter 3 複素数の世界　　section 3-2

複素数 z の表す点が複素数平面上の，中心 i ，半径1の円周上を動くとき，複素数 $w=(i-1)(z+1-i)$ の表す点は，中心 □ ，半径 □ の円周上を動く．

（広島工大）

解

考え方

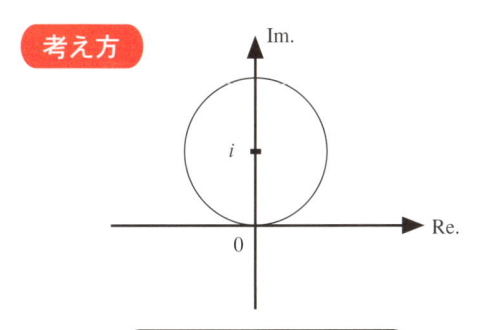

z は i を中心 半径1 の円周上にある

$|z-i|=1$

$w=(i-1)(z+1-i)$

意味

$z+1-i$

z を Re $+1$, Im $-i$ 平行移動

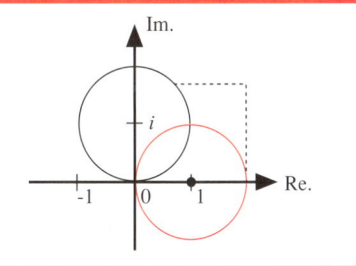

$(i-1)=\sqrt{2}\operatorname{cis}135°$ 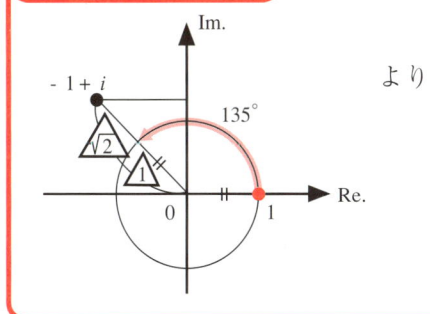 より

0を中心として135°回転し，0からの線分の長さを $\sqrt{2}$ 倍する．

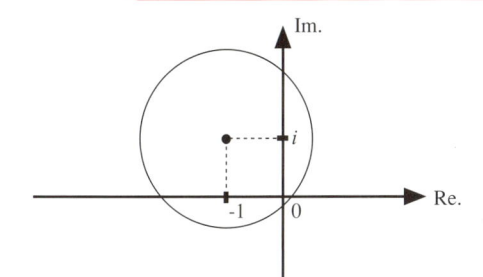

中心 $(-1+i)$ 半径 $\sqrt{2}$ の円

$|z|=1$ のとき，$|2\sqrt{2}+i+z|$ の最小値を求めよ． （中部大・経営情報）

解

考え方

z は O を中心とし，半径 1 の円周上の動点

$|2\sqrt{2}+i+z|$ について考える

↓

$|z-(-2\sqrt{2}-i)|$

↓

点 P(z)，点 A($-2\sqrt{2}-i$) との線分 AP の距離

↓

図より $|\overrightarrow{AP}|$ の最大となるのは
$$|\overrightarrow{AQ}|$$
最小となるのは
$$|\overrightarrow{AR}|$$
とわかる．（但し，P, R とも直線 AO 上の点）

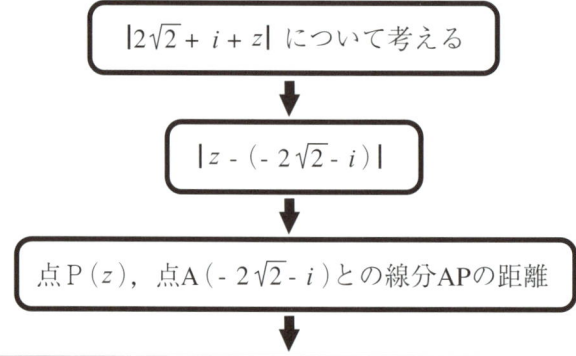

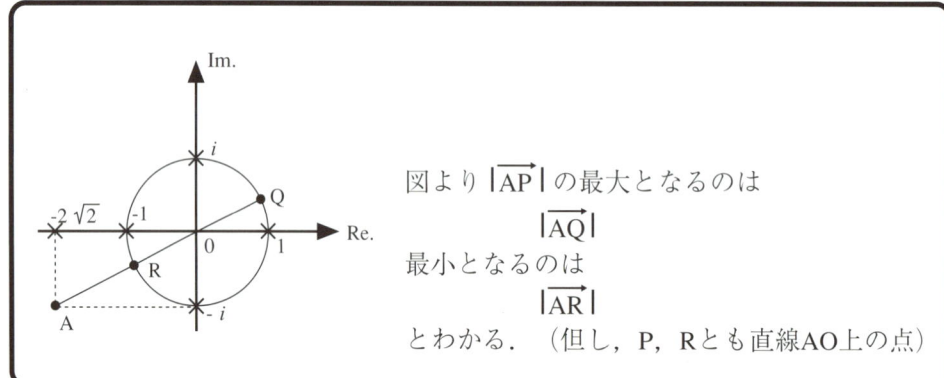

図より

$|\overrightarrow{AQ}| = |\overrightarrow{AO}| + |\overrightarrow{OQ}|$

$= \sqrt{(-2\sqrt{2})^2 + (-1)^2} + 1$

$= \sqrt{8+1} + 1$

$= 3 + 1 = 4$ …… 最大値

$|\overrightarrow{AR}| = |\overrightarrow{AO}| - |\overrightarrow{OR}|$

$= 3 - 1 = 2$ …… 最小値

Chapter 3 複素数の世界　　　複素数の世界の移動は〜　section 3-2

複素数平面上の3点A(-2)，B$(2+3i)$，C$(a+bi)$が正三角形の頂点をなし，かつ$b<0$であるとき，$a=\boxed{}$，$b=\boxed{}$である．ただし，a，bは実数とする．
　　　　　　　　　　　　　　　　　　　　　　　　　　　　　（立教大・経済）

解

考え方

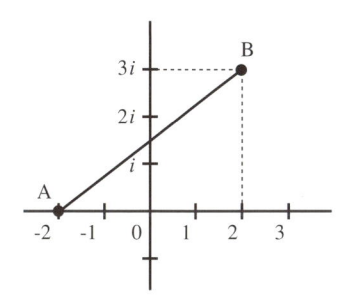

A(-2)　　B$(2+3i)$　　C$(a+bi)$

（$b<0$）より
点Cは第3 or 第4現象

△ABCが　正三角形
　　　　　⋮
　　　　　3つの内角はすべて60°

point

辺の長さもすべて等しいのでどの点を回転の中心とするか決める．

⇕

定複素数A or Bにしよう．

例えばBを回転の中心とする

$b<0$ という条件より，図をよーく見ると
　　・Bを中心とし
　　・Aを
　　・+60°回転
この操作で欲しい点Cに到る．

— 127 —

やはりベクトルとして考えてみよう．

$\vec{BA}$ を B を中心としての回転

$$\vec{BC} = \vec{BA} \cdot (\cos 60° + i \sin 60°)$$
$$= (-4 - 3i) \cdot (\cos 60° + i \sin 60°)$$
$$= (-4 - 3i)\left(\frac{1}{2} + \frac{\sqrt{3}}{2}i\right)$$
$$= \left(-2 + \frac{3\sqrt{3}}{2}\right) + \left(-2\sqrt{3} - \frac{3}{2}\right)i$$

> この記述を
> cis 60°
> と書く．便利だよ！

求めるのは複素数なので $\vec{OC}$ を考えなければならないね！

$$\vec{OC} = \vec{OB} + \vec{BC}$$
$$= 2 - 3i + \left(-2 + \frac{3\sqrt{3}}{2}\right) + \left(-2\sqrt{3} - \frac{3}{2}\right)i$$
$$= \frac{3\sqrt{3}}{2} + \left(\frac{3}{2} - 2\sqrt{3}\right)i$$

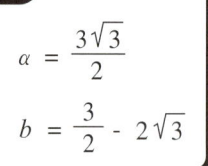

答

$$a = \frac{3\sqrt{3}}{2}$$
$$b = \frac{3}{2} - 2\sqrt{3}$$

> **ちょっと一言**
> 複素数は 0 を始点とする
> ベクトルと同一視しよう．

実数 a, b を係数とする x についての2次方程式 $x^2 + ax + b = 0$ が虚数解 z をもつとき,
(1) z に共役な複素数 $\bar{z}$ も $x^2 + ax + b = 0$ の解であることを示せ.
(2) a, b を $z, \bar{z}$ を用いて表せ.
(3) $b - a \leqq 1$ を満たすとき, 点 z の存在範囲を複素数平面上に図示せよ.
(4) 点 z が (3) で求めた存在範囲を動くとき, $w = \dfrac{1}{z}$ で定まる点 w の存在範囲を複素数平面上に図示せよ.

(電通大)

解

考え方

(1)

$x^2 + ax + b = 0$ の解が虚数解 z

↓

$x^2 + az + b = 0$

↓

$\overline{x^2 + az + b} = 0$

↓

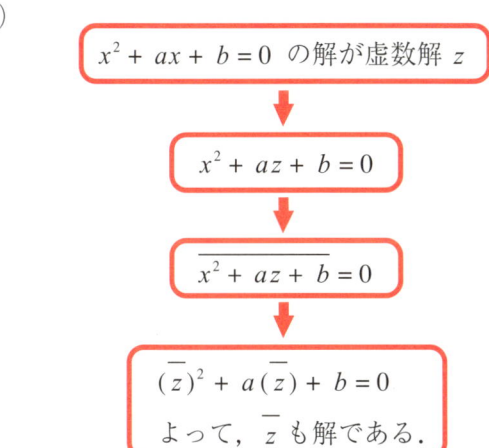

$(\bar{z})^2 + a(\bar{z}) + b = 0$

よって, $\bar{z}$ も解である.

(2)

$x^2 + ax + b = 0$ の解が $z, \bar{z}$

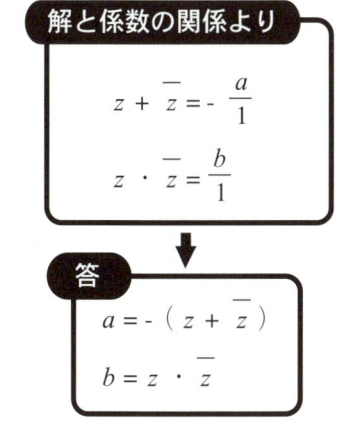

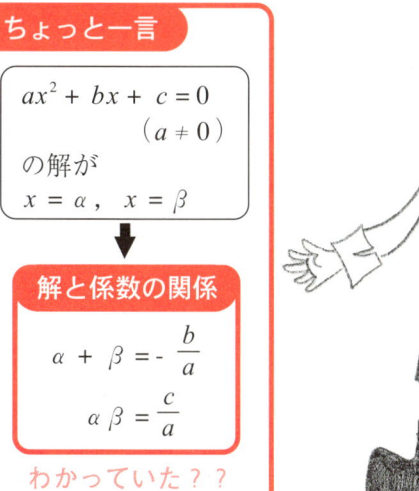

解と係数の関係より

$z + \bar{z} = -\dfrac{a}{1}$

$z \cdot \bar{z} = \dfrac{b}{1}$

答

$a = -(z + \bar{z})$

$b = z \cdot \bar{z}$

ちょっと一言

$ax^2 + bx + c = 0$ $(a \neq 0)$
の解が
$x = \alpha, \ x = \beta$

↓

解と係数の関係

$\alpha + \beta = -\dfrac{b}{a}$

$\alpha\beta = \dfrac{c}{a}$

わかっていた？？

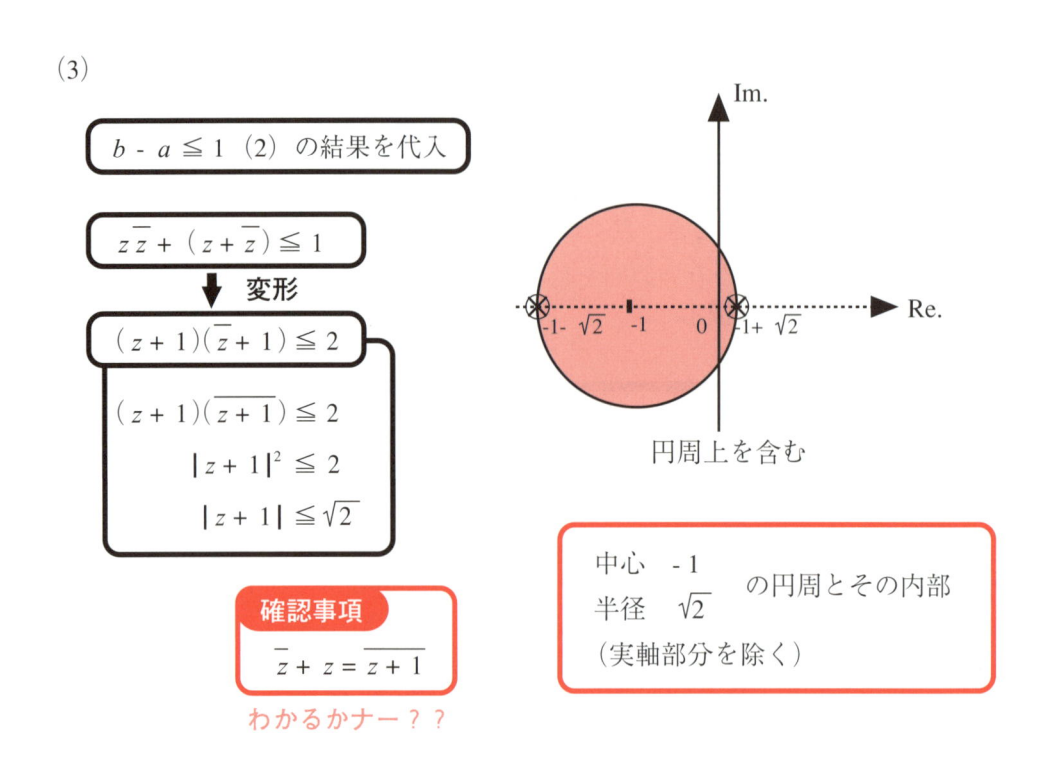

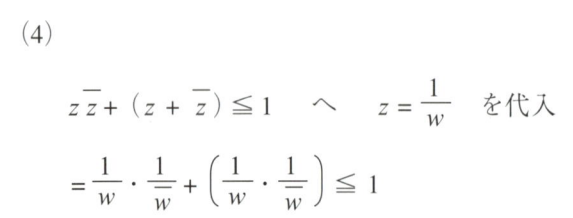

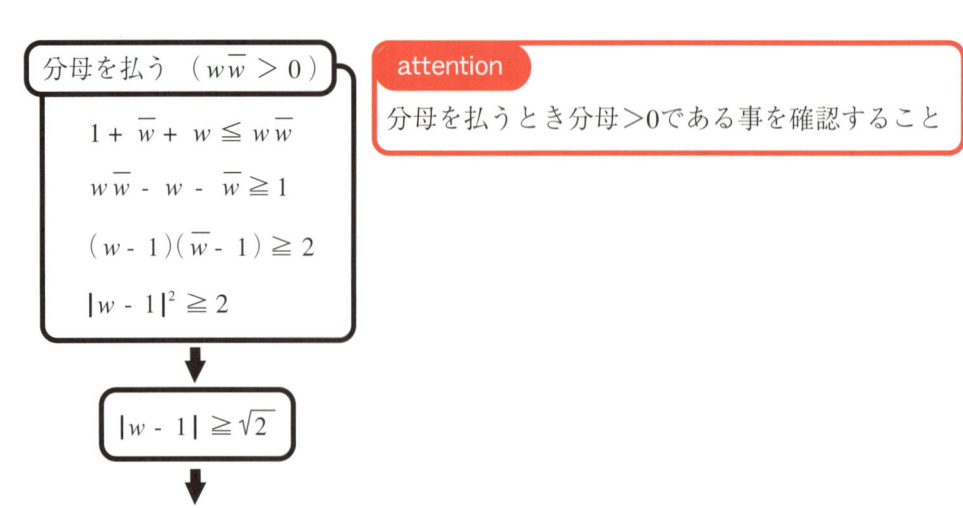

(3)

- $b - a \leqq 1$ (2) の結果を代入
- $z\bar{z} + (z + \bar{z}) \leqq 1$
- **変形**
- $(z+1)(\bar{z}+1) \leqq 2$

$(z+1)(\overline{z+1}) \leqq 2$
$|z+1|^2 \leqq 2$
$|z+1| \leqq \sqrt{2}$

確認事項
$\bar{z} + z = \overline{z+1}$ ？？
わかるかナー？？

中心 -1
半径 $\sqrt{2}$ の円周とその内部
（実軸部分を除く）

円周上を含む

(4)

$z\bar{z} + (z + \bar{z}) \leqq 1$ へ $z = \dfrac{1}{w}$ を代入

$= \dfrac{1}{w} \cdot \dfrac{1}{\bar{w}} + \left(\dfrac{1}{w} \cdot \dfrac{1}{\bar{w}} \right) \leqq 1$

分母を払う（$w\bar{w} > 0$）

$1 + \bar{w} + w \leqq w\bar{w}$
$w\bar{w} - w - \bar{w} \geqq 1$
$(w-1)(\bar{w}-1) \geqq 2$
$|w-1|^2 \geqq 2$

$|w-1| \geqq \sqrt{2}$

attention
分母を払うとき分母＞0である事を確認すること

$|w - 1| \geqq \sqrt{2}$

> 但し，z が虚数より $w = \dfrac{1}{z}$ も虚数

↓

よって，実軸上の点は除く

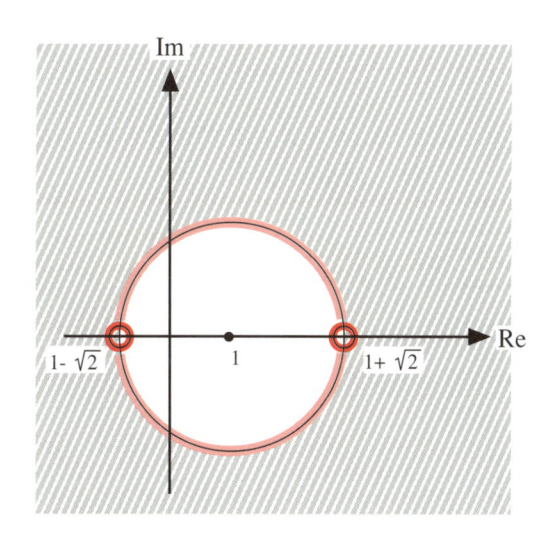

attention

必ず 含む部分 含まない部分 の明記をしよう!!

○ は含む

● は含まない（除く）

Chapter 3 複素数の世界 — section 3-2

> 二つの複素数 z, w が条件 $w(z-1)=1$ を満たしているとき,
> (1) $|z|=\dfrac{1}{\sqrt{2}}$ の範囲で z が動くとき, w の動き得る範囲を複素平面上に図示せよ.
> (2) 実部が $-\dfrac{1}{2}$ の範囲で w が動くとき, z の動き得る範囲を複素平面上に図示せよ.　　（公立はこだて未来大）

解

考え方

(1)

ちょっと一言

$z \to w$ の流れで考える自然流れと, 逆手流（w の満たす関係式を求めればよいと考える. そのためには z を w で表して z の満たす関係式に代入すればよい）とがあります.

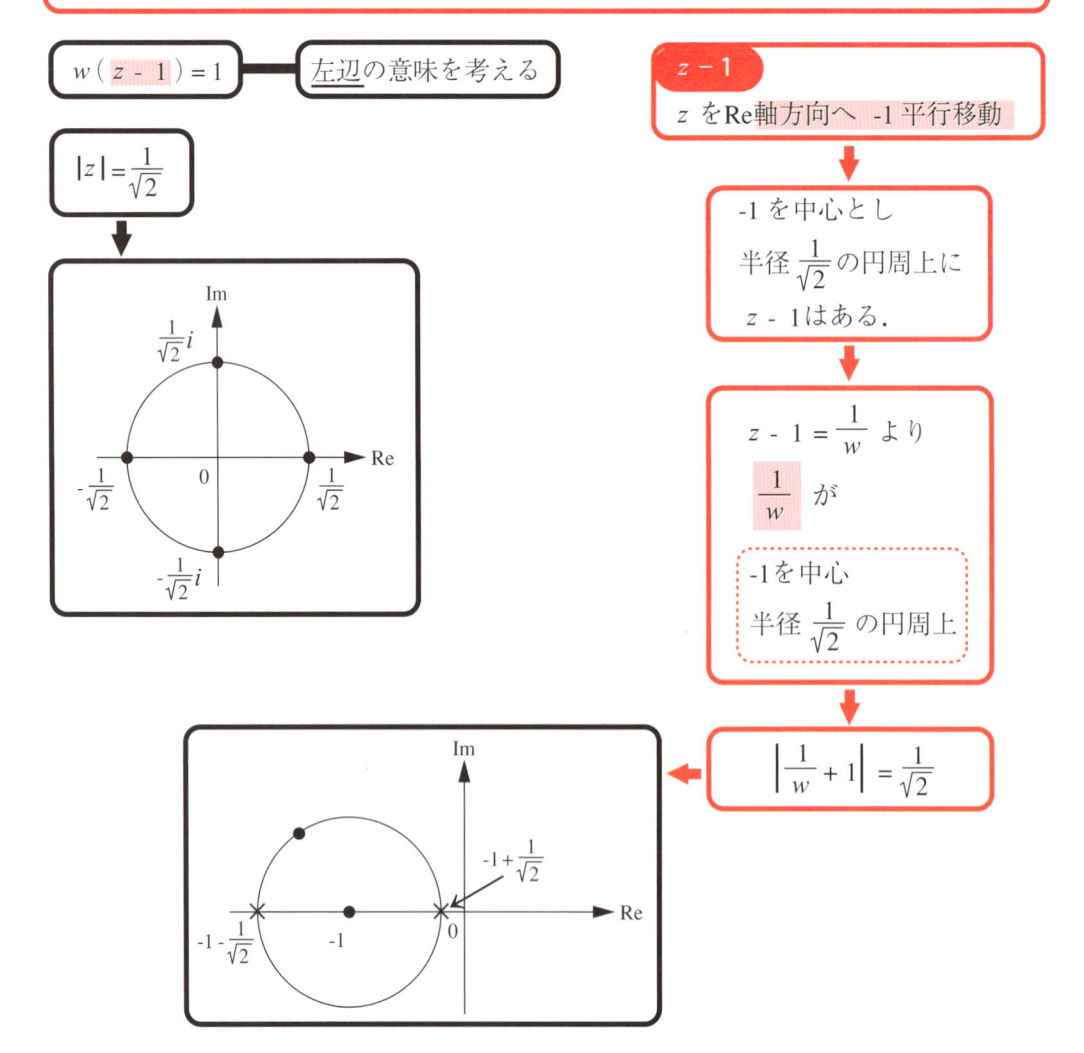

$w(\boxed{z-1})=1$ ── 左辺の意味を考える

$|z|=\dfrac{1}{\sqrt{2}}$

$z-1$：z を Re軸方向へ -1 平行移動

-1 を中心とし半径 $\dfrac{1}{\sqrt{2}}$ の円周上に $z-1$ はある.

$z-1=\dfrac{1}{w}$ より $\dfrac{1}{w}$ が

-1 を中心 半径 $\dfrac{1}{\sqrt{2}}$ の円周上

$\left|\dfrac{1}{w}+1\right|=\dfrac{1}{\sqrt{2}}$

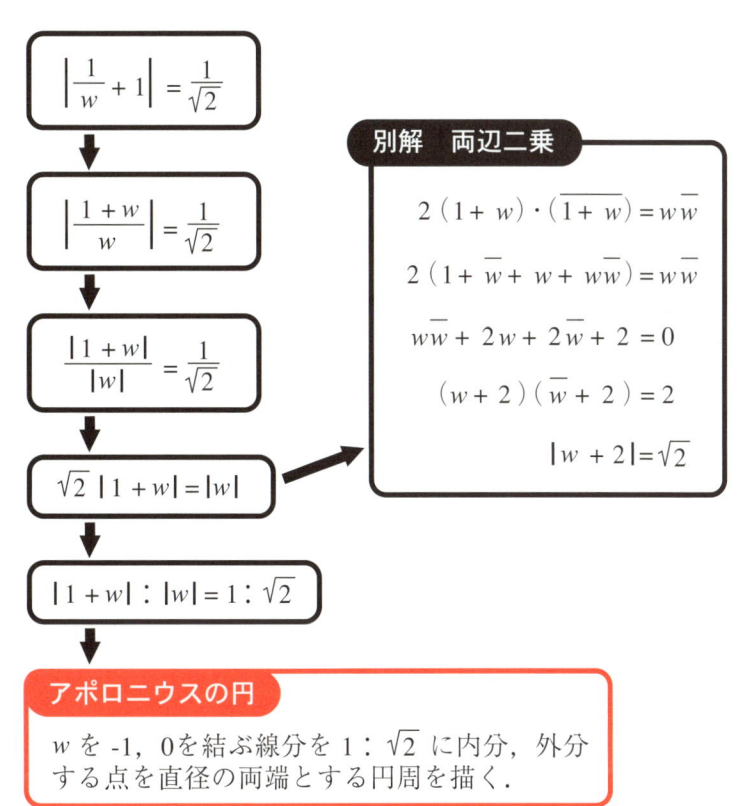

$$\left|\frac{1}{w}+1\right|=\frac{1}{\sqrt{2}}$$

↓

$$\left|\frac{1+w}{w}\right|=\frac{1}{\sqrt{2}}$$

↓

$$\frac{|1+w|}{|w|}=\frac{1}{\sqrt{2}}$$

↓

$$\sqrt{2}\,|1+w|=|w|$$

別解　両辺二乗

$$2(1+w)\cdot(\overline{1+w})=w\overline{w}$$
$$2(1+\overline{w}+w+w\overline{w})=w\overline{w}$$
$$w\overline{w}+2w+2\overline{w}+2=0$$
$$(w+2)(\overline{w}+2)=2$$
$$|w+2|=\sqrt{2}$$

↓

$$|1+w|:|w|=1:\sqrt{2}$$

↓

アポロニウスの円

w を -1, 0 を結ぶ線分を $1:\sqrt{2}$ に内分, 外分する点を直径の両端とする円周を描く.

内分：
$$\frac{-\sqrt{2}}{1+\sqrt{2}}=\frac{-\sqrt{2}(\sqrt{2}-1)}{2-1}=-2+\sqrt{2}$$

外分：
$$\frac{\sqrt{2}}{1-\sqrt{2}}=\frac{\sqrt{2}(1+\sqrt{2})}{(1-\sqrt{2})(1+\sqrt{2})}=\frac{\sqrt{2}+2}{1-2}=-\sqrt{2}-2$$

答

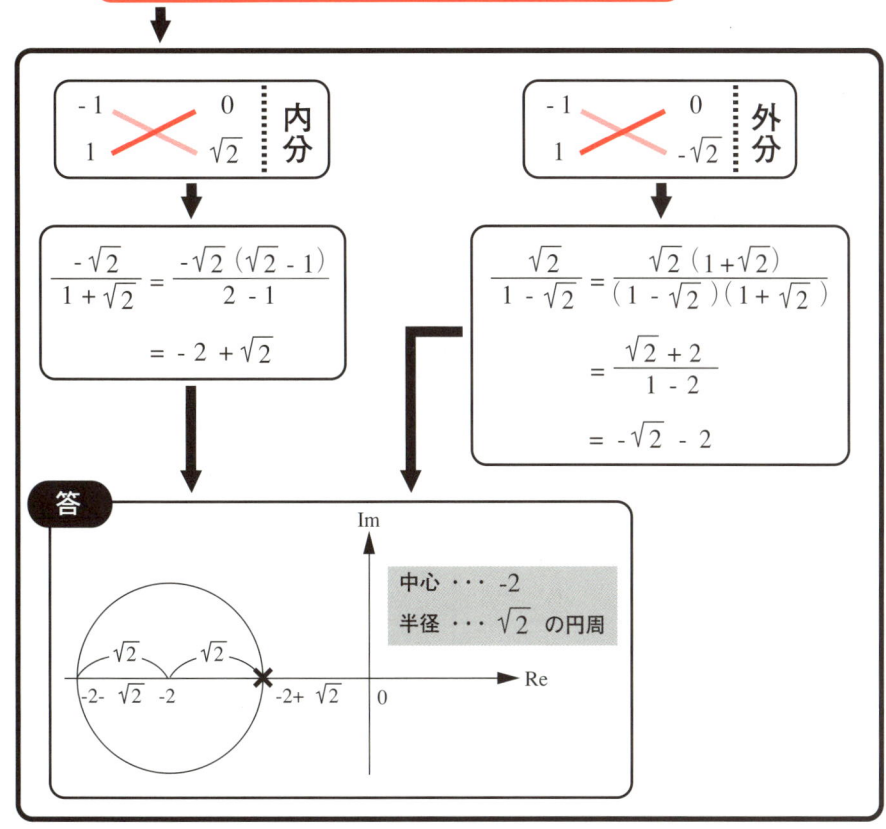

中心 $\cdots$ -2
半径 $\cdots$ $\sqrt{2}$ の円周

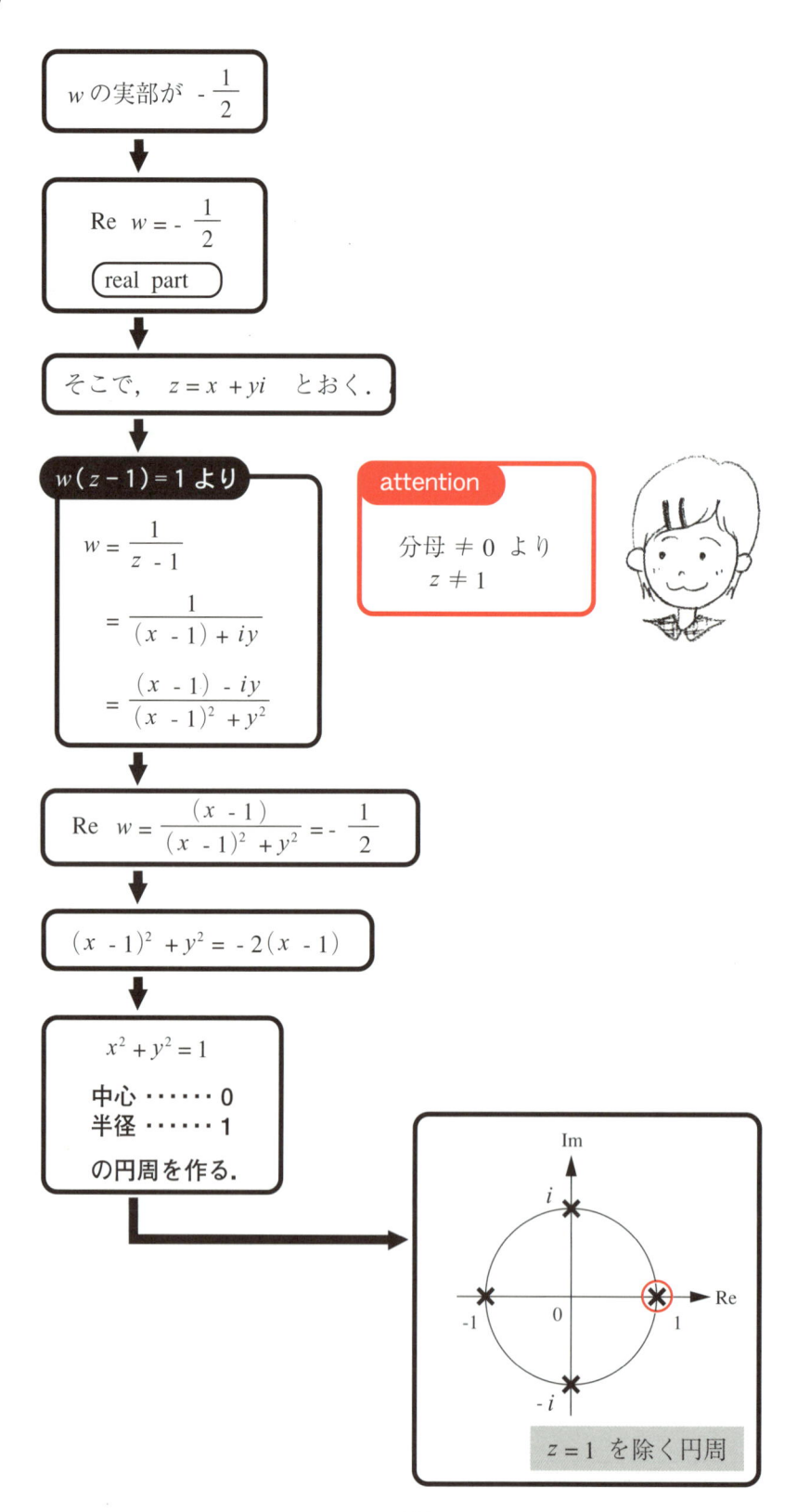

(2)

```
┌─────────────────────┐
│ $w$ の実部が $-\frac{1}{2}$ │
└─────────────────────┘
          ↓
┌─────────────────────┐
│ Re $w = -\frac{1}{2}$ │
│    (real part)      │
└─────────────────────┘
          ↓
┌─────────────────────────────┐
│ そこで, $z = x + yi$ とおく. │
└─────────────────────────────┘
          ↓
```

$w(z-1) = 1$ より

$$w = \frac{1}{z-1}$$
$$= \frac{1}{(x-1) + iy}$$
$$= \frac{(x-1) - iy}{(x-1)^2 + y^2}$$

attention

分母 $\neq 0$ より
$z \neq 1$

↓

Re $w = \dfrac{(x-1)}{(x-1)^2 + y^2} = -\dfrac{1}{2}$

↓

$(x-1)^2 + y^2 = -2(x-1)$

↓

$x^2 + y^2 = 1$

中心 ······ 0
半径 ······ 1

の円周を作る.

$z = 1$ を除く円周

Chapter 3 複素数の世界　　複素数の世界の移動は〜　section 3-2

複素数 z に対して複素数 w を $w = \dfrac{2iz}{z-\alpha}$ で定める．ただし，α は0ではない複素数の定数とする．
(1) 点 z が α 以外のすべての複素数を動くとき，w のとりうる値の範囲を求めよ．
(2) 点 z がある円周 c 上を動くとき，点 w は原点Oを中心とする半径1の円周を描くものとする．このとき，円周 c の中心と半径を α を用いて表せ．また，円周 c の中心が i のとき，α の値を求めよ．
(3) α は(2)で求めた値とする．点 z が実軸上を動くとき，点 w の描く図形を求めよ．
　　　　　　　　　　　　　　　　　　　　　　　　　　　　　　　　　　　　(千葉大)

解

考え方

(1)

$$w = \dfrac{2iz}{z-\alpha}$$

↓

$$\begin{array}{r} 2i \\ z-\alpha \,\overline{)\, 2iz} \\ 2iz - 2i\alpha \\ \hline 2i\alpha \end{array}$$

attention
分数式の形は，分数の次数＞分母の次数にする

↓

$$w = 2i + \dfrac{2i\alpha}{z-\alpha}$$

z が α 以外をすべて動くので
$\dfrac{2i\alpha}{z-\alpha}$ は $\alpha \neq 0$ より0以外をすべて動く．
よって，w は $2i$ 以外のすべてに動ける．

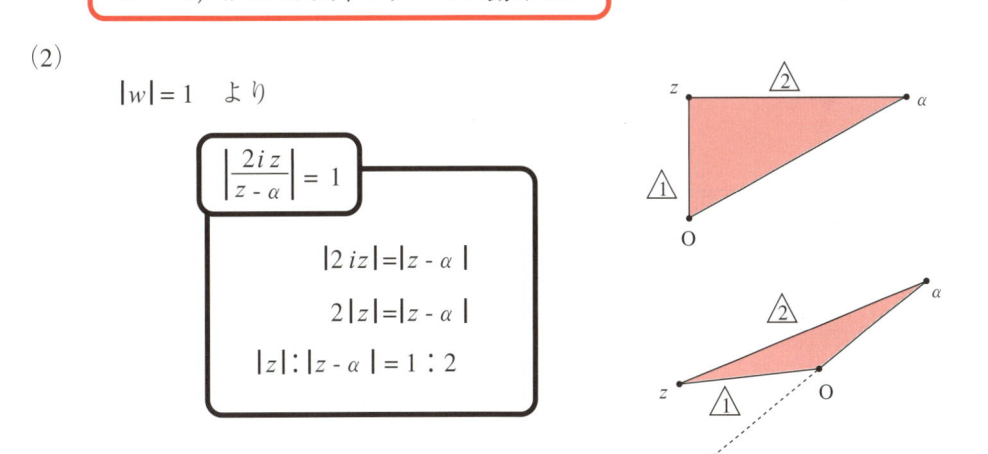

(2) $|w| = 1$ より

$$\left| \dfrac{2iz}{z-\alpha} \right| = 1$$

$|2iz| = |z-\alpha|$
$2|z| = |z-\alpha|$
$|z| : |z-\alpha| = 1 : 2$

よって，Oと α を結ぶ線分を1：2に内分，外分する点を直径の両端とする円周上に z はある．

1：2に内分する点	$\dfrac{\alpha}{3}$
1：2に外分する点	$-\alpha$

これが直径の両端となっている

中心　$\dfrac{\dfrac{\alpha}{3} - \alpha}{2} = -\dfrac{\alpha}{3}$

半径　$\dfrac{\dfrac{4}{3}|\alpha|}{2} = \dfrac{2}{3}|\alpha|$

答

答

$-\dfrac{\alpha}{3} = i$ のとき

$\alpha = -3i$

(3)

$\alpha = -3i$ より

$$w = \dfrac{2iz}{z + 3i}$$

point

z の動きがわかっているので "$z=$" の形にしよう．

$w(z + 3i) = 2iz$

$(w - 2i)z = -3iw$

$$z = \dfrac{-3iw}{w - 2i}$$

check

分母≠0は（1）でO.K

| Chapter 3 複素数の世界 | 複素数の世界の移動は〜　section 3-2 |

point

z が実軸上を動くので "$z = \overline{z}$"

$$\frac{-3iw}{w-2i} = \overline{\left(\frac{-3iw}{w-2i}\right)} \Rightarrow \frac{-3iw}{w-2i} = \frac{3i\overline{w}}{\overline{w}+2i}$$

分母を払う

$$(\overline{w}+2i)(-3iw) = (w-2i)3i\overline{w}$$

$$-w\overline{w} - 2iw = w\overline{w} - 2i\overline{w}$$

$$2w\overline{w} - 2i\overline{w} + 2iw = 0$$

$$(w-i)(\overline{w}+i) = -i^2$$

$$(w-i) \cdot \overline{w-i} = 1$$

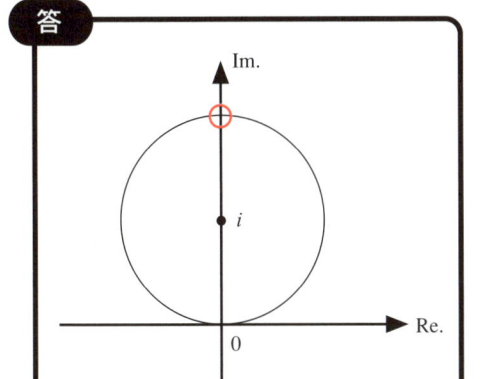

∴ $|(w-i)| = 1$　（但し $w \neq 2i$）　……（1）より

i を中心とし半径 1 の円周

（但し 点 $2i$ を除きます

答

Section 3-3

回転移動の方法
（自分の指を2本決めよう）

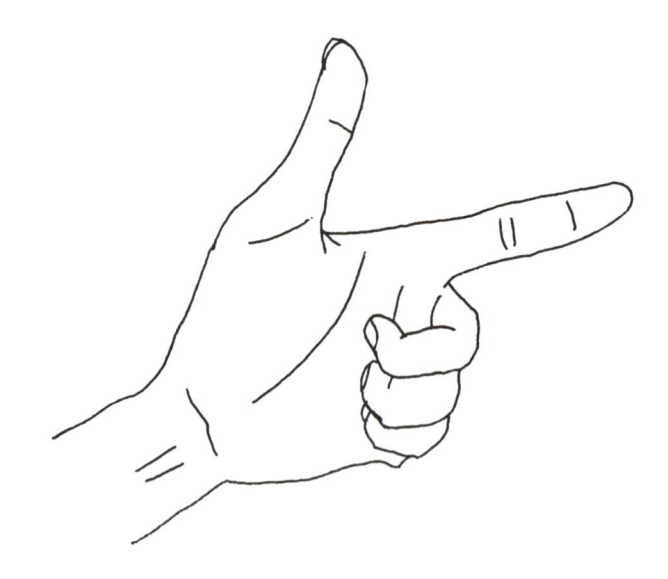

Chapter 3 複素数の世界   回転移動の方法   section 3-3

α，β は複素数平面上の異なる2点とする（$\alpha \neq \beta$）．0および $-i$ は α と β を結ぶ線分上にないとして，各問いに答えよ．

(1) α と β を結ぶ線分の中点 $\dfrac{\alpha+\beta}{2}$ の逆数 $\dfrac{2}{\alpha+\beta}$ が，$\dfrac{1}{\alpha}$ と $\dfrac{1}{\beta}$ を結ぶ線分上にあるとき，$\dfrac{\beta}{\alpha}$ は正の実数であることを示せ．

(2) α は正の実数で α と β を結ぶ線分の長さは1であるとする．z がこの線分（α と β を結ぶ線分）上を動くとき，$w = \dfrac{z-i}{z+i}$ も長さ1の線分を描く，このような α，β を求めよ．

（千葉大・理一後）

解

考え方

(1)

$$\boxed{\dfrac{2}{\alpha+\beta} \text{ が } \dfrac{1}{\alpha},\ \dfrac{1}{\beta} \text{ の線分上}}$$

ベクトル的表現

$$\boxed{\dfrac{2}{\alpha+\beta} = k \cdot \dfrac{1}{\alpha} + (1-k) \cdot \dfrac{1}{\beta} \quad (0 \leqq k \leqq 1)}$$

$2\alpha\beta = (\alpha+\beta)\{k\beta + (1-k)\alpha\}$

$\dfrac{2\beta}{\alpha} = \left(1 + \dfrac{\beta}{\alpha}\right)\left\{\dfrac{k\beta}{\alpha} + (1-k)\right\}$

$\dfrac{\beta}{\alpha} = x$ とおく

$2x = (1+x)(kx + 1-k)$

$kx^2 - x + (1-k) = 0$

$(kx - 1 + k)(x - 1) = 0$

$x = 1,\ x = \dfrac{1-k}{k}$　　$\beta \neq \alpha$ より　$x \neq 1$

$\therefore\ \dfrac{\beta}{\alpha} = \dfrac{1-k}{k} > 0$

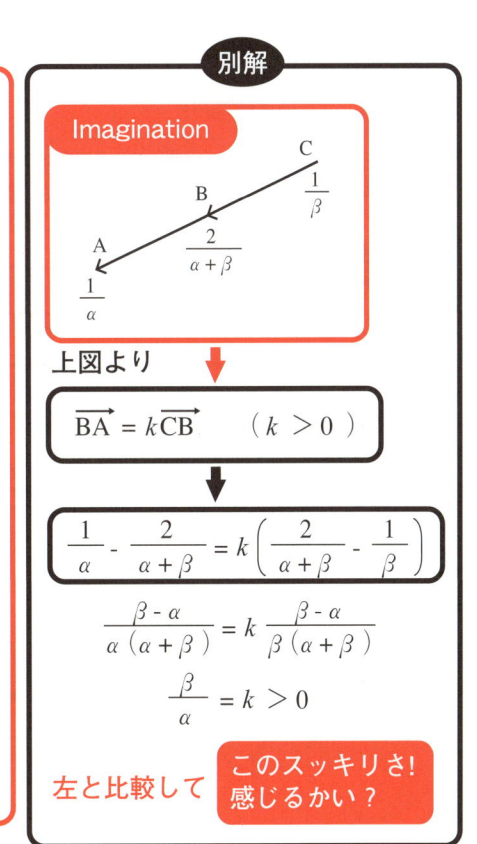

別解　Imagination

図：A $\dfrac{1}{\alpha}$, B $\dfrac{2}{\alpha+\beta}$, C $\dfrac{1}{\beta}$

上図より

$$\boxed{\overrightarrow{BA} = k\overrightarrow{CB} \quad (k > 0)}$$

$$\boxed{\dfrac{1}{\alpha} - \dfrac{2}{\alpha+\beta} = k\left(\dfrac{2}{\alpha+\beta} - \dfrac{1}{\beta}\right)}$$

$\dfrac{\beta-\alpha}{\alpha(\alpha+\beta)} = k\dfrac{\beta-\alpha}{\beta(\alpha+\beta)}$

$\dfrac{\beta}{\alpha} = k > 0$

左と比較して　このスッキリさ！感じるかい？

Chapter 3 複素数の世界 　　　　　回転移動の方法　section 3-3

(2)

$$w = \frac{z-i}{z+i} = 1 - \frac{2i}{z+i}$$

分子と分母に z がある

↓

$$\frac{2i}{z+i} = 1 - w$$

z のposition を 1 カ所にしよう

↓ 両辺に $\times i$

$$\frac{-2}{z+i} = (1-w)i \quad (w-1)i = \frac{2}{z+i}$$

Imagination

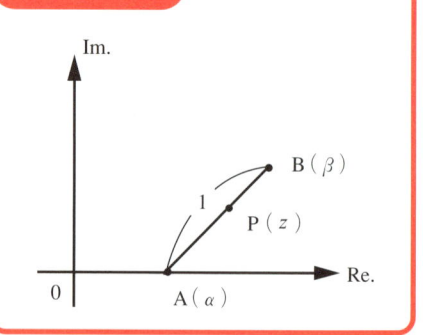

（図：実軸・虚軸、A(α)、B(β)、P(z)、長さ1）

$|\beta - \alpha| = 1$

ベクトル的表現

$$z = \alpha + t(\beta - \alpha)$$
$$\overrightarrow{OP} = \overrightarrow{OA} + \overrightarrow{AP} = \overrightarrow{OA} + t\overrightarrow{AB}$$
$$0 \leqq t \leqq 1 \quad \alpha > 0$$

w が長さ1の線分を動く …… とき

↓

$(w-1)i$ の図形的内容を考えてみよう

$(w-1)$
w を real axis（実軸）方向へ -1 平行移動
簡単に言うと左に動かすことだよ！

i
O（原点…origin）を中心とし $+90°$ 回転する

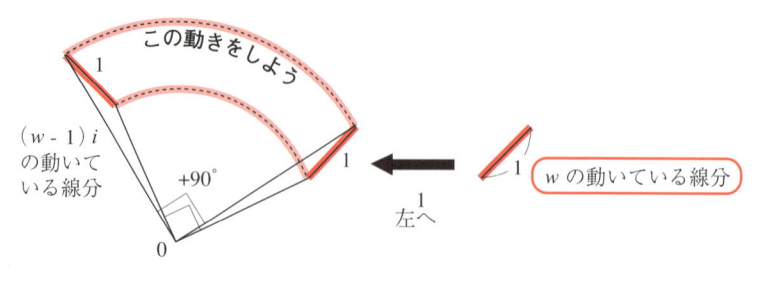

（図：この動きをしよう、$(w-1)i$ の動いている線分、$+90°$、w の動いている線分、1 左へ）

上図より $(w-1)i$ も 1 の線分上を動いている．

— 140 —

Chapter 3 複素数の世界 回転移動の方法 section 3-3

よって $\dfrac{2}{z+i} = f(z)$ とおくと $f(z)$ も長さ1の<u>線分</u>を動く

$= \dfrac{2}{\beta + i}$

$= \dfrac{1}{\dfrac{\beta}{2} + \dfrac{i}{2}}$

$f(\beta)$

$f(\alpha)$

スタート …… $f(\alpha)$
ゴール …… $f(\beta)$

$= \dfrac{2}{\alpha + i}$

$= \dfrac{1}{\dfrac{\alpha}{2} + \dfrac{i}{2}}$

$f\left(\dfrac{\alpha + \beta}{2}\right)$ について考えてみる …… これは上図の線分上に点はある

$f\left(\dfrac{\alpha + \beta}{2}\right) = \dfrac{2}{\dfrac{\alpha + \beta}{2} + i} = \dfrac{2}{\left(\dfrac{\alpha}{2} + \dfrac{i}{2}\right) + \left(\dfrac{\beta}{2} + \dfrac{i}{2}\right)}$

以上より

$\dfrac{1}{\dfrac{\alpha}{2} + \dfrac{i}{2}}$, $\dfrac{1}{\dfrac{\beta}{2} + \dfrac{i}{2}}$ を結ぶ線上に $\dfrac{2}{\left(\dfrac{\alpha}{2} + \dfrac{i}{2}\right) + \left(\dfrac{\beta}{2} + \dfrac{i}{2}\right)}$ が存在した.

(1) の結果より

$\dfrac{\dfrac{\beta}{2} + \dfrac{i}{2}}{\dfrac{\alpha}{2} + \dfrac{i}{2}} = u\ (u > 0)$ となる

∴ $\beta + i = u(\alpha + i)$ …… ㊟
$\alpha > 0,\ u > 0$

再確認しよう
- α は正の実数
- $|\beta - \alpha| = 1$

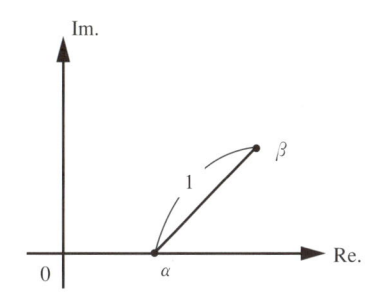

Chapter 3 複素数の世界 — 回転移動の方法 section 3-3

$|f(\beta) - f(\alpha)| = 1$

↓

$\left|\dfrac{2}{\beta + i} - \dfrac{2}{\alpha + i}\right| = 1$

↓

$\left|\dfrac{2}{u(\alpha + i)} - \dfrac{2}{\alpha + i}\right| = 1$

↓

$\left|\dfrac{2}{\alpha + i} \cdot \dfrac{1-u}{u}\right| = 1$

$|\beta - \alpha| = 1$

↓

$|(\beta + i) - (\alpha + i)| = 1$

↓ ㊟を代入

$|u(\alpha + i) - (\alpha + i)| = 1$
$|(\alpha + i)(u - 1)| = 1$

↓

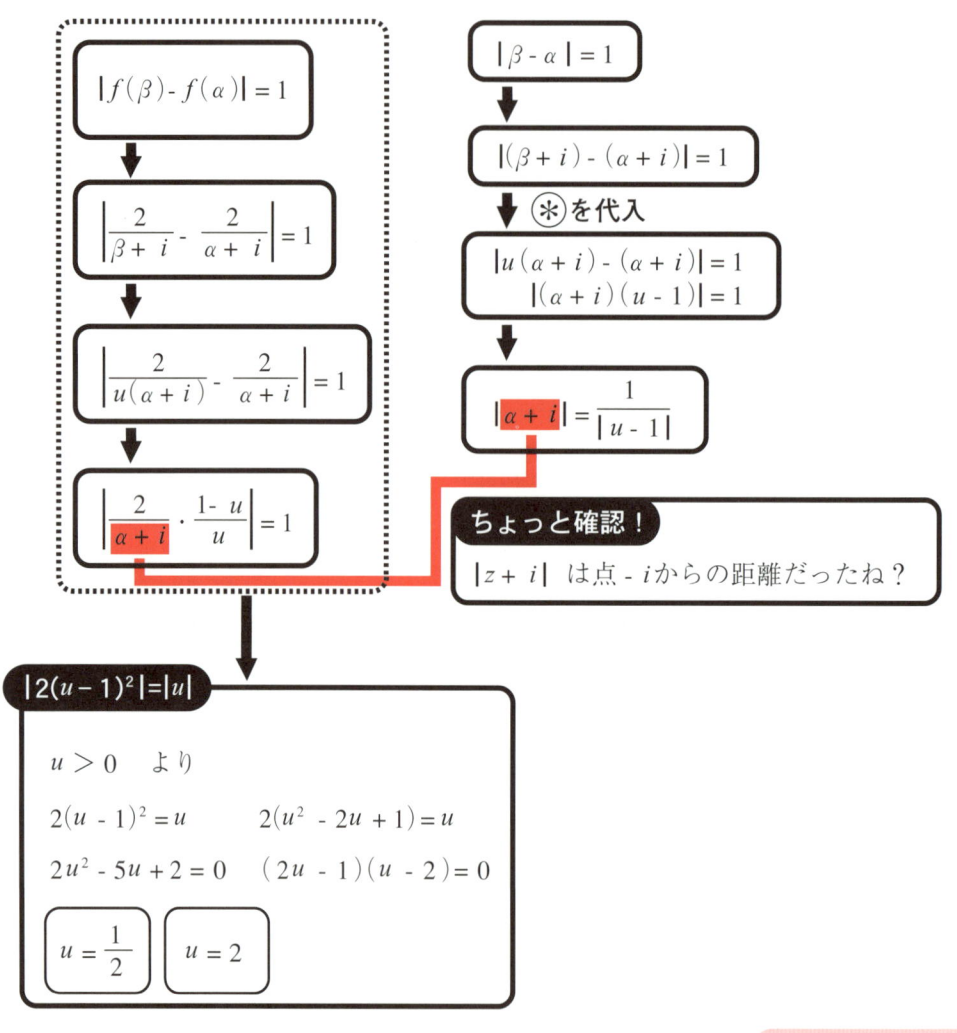

$|\alpha + i| = \dfrac{1}{|u - 1|}$

ちょっと確認！
$|z + i|$ は点 $-i$ からの距離だったね？

$|2(u-1)^2| = |u|$

$u > 0$ より

$2(u-1)^2 = u \qquad 2(u^2 - 2u + 1) = u$

$2u^2 - 5u + 2 = 0 \quad (2u - 1)(u - 2) = 0$

$u = \dfrac{1}{2} \qquad u = 2$

$u = 2$ のとき $|\alpha + i| = 1$ ㊟となる．$\alpha = 0$ となり条件に反する．

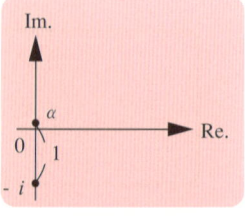

$u = \dfrac{1}{2}$ のとき $|\alpha + i| = 2$ となる．α は正の実数より $\alpha = \sqrt{3}$

$\beta + i = \dfrac{1}{2}(\sqrt{3} + i) \qquad \beta = \dfrac{\sqrt{3}}{2} - \dfrac{1}{2}i$

答
$\alpha = \sqrt{3}, \ \beta = \dfrac{\sqrt{3}}{2} - \dfrac{1}{2}i$

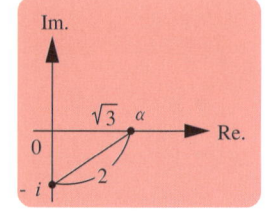

Chapter 3 複素数の世界　　　回転移動の方法　section 3-3

複素数 α, β が $(\alpha+1)^2 + (\beta+1)^2 = (\alpha+1)(\beta+1)$ を満たしているとき（ただし，$\alpha \neq -1$, $\beta \neq -1$）
(1) 軸素数平面上で3点 α, β, -1 が正三角形の3頂点になることを示しなさい．
(2) α, β が $|\alpha| = |\beta| = 1$ を満たすとき，α, β を求めなさい．

（前橋工科大）

解

考え方

(1)

A(-1), B(α), C(β) とする．

$$(\alpha+1)^2 + (\beta+1)^2 = (\alpha+1)(\beta+1)$$
$$(\alpha \neq -1, \beta \neq -1)$$

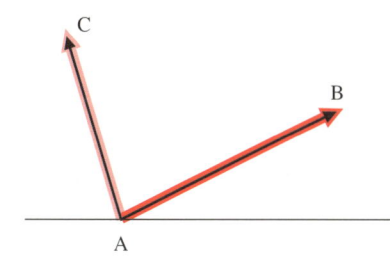

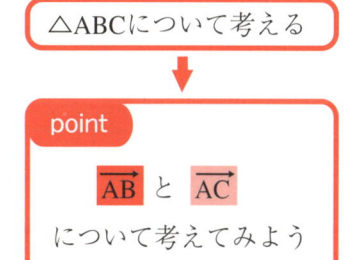

△ABCについて考える

point

$\overrightarrow{AB}$ と $\overrightarrow{AC}$

について考えてみよう

複素数とベクトルの対応

$\alpha - (-1) = \alpha + 1 \cdots\cdots \overrightarrow{AB}$

$\beta - (-1) = \beta + 1 \cdots\cdots \overrightarrow{AC}$

$\dfrac{\alpha+1}{\beta+1}$ について考える

意味

・$|\overrightarrow{AB}|$ と $|\overrightarrow{AC}|$ の比率
・$\overrightarrow{AB}$ と $\overrightarrow{AC}$ のなす角度を捕らえたい

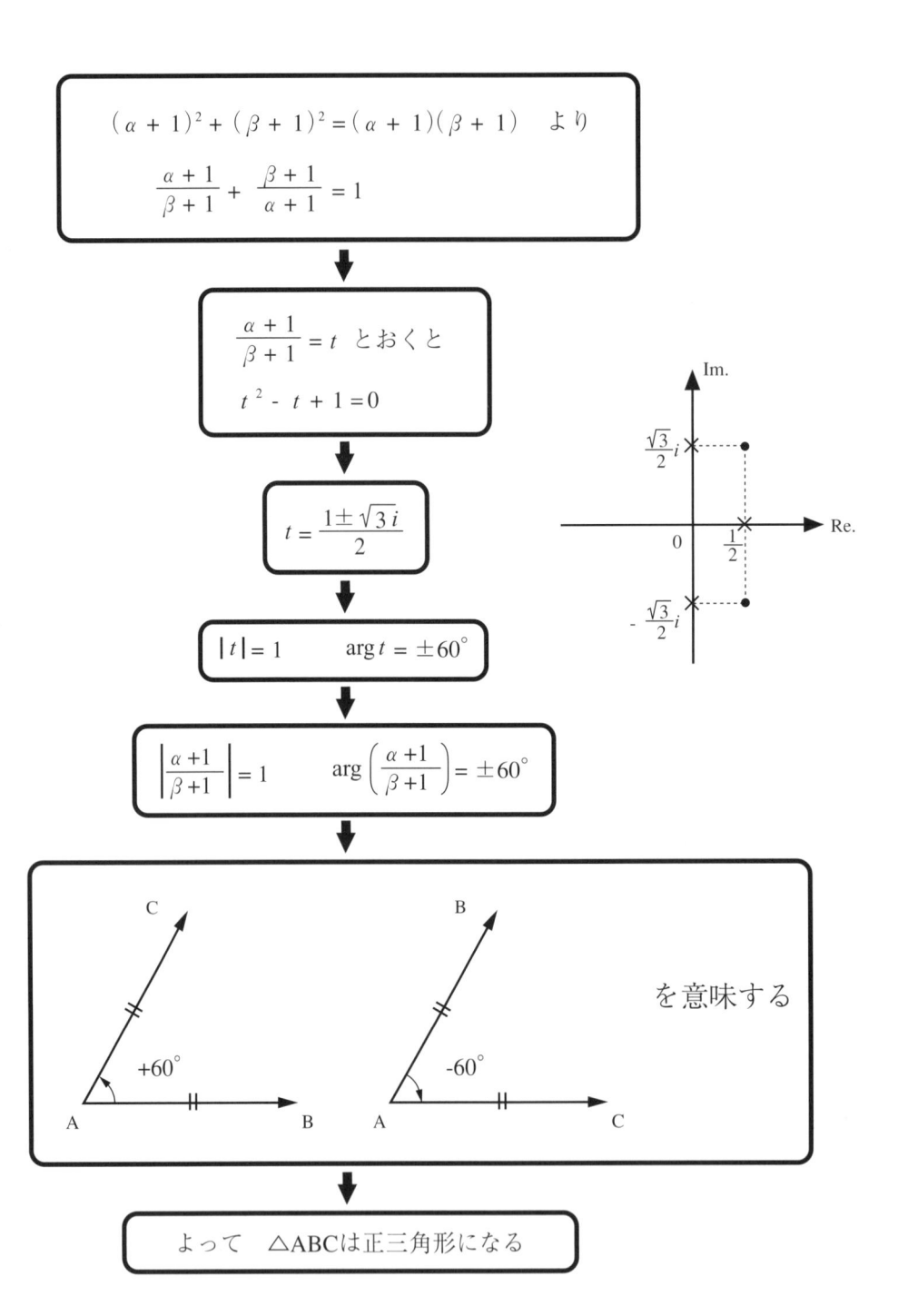

$(\alpha+1)^2 + (\beta+1)^2 = (\alpha+1)(\beta+1)$　より

$$\frac{\alpha+1}{\beta+1} + \frac{\beta+1}{\alpha+1} = 1$$

⬇

$\dfrac{\alpha+1}{\beta+1} = t$　とおくと

$t^2 - t + 1 = 0$

⬇

$t = \dfrac{1 \pm \sqrt{3}\,i}{2}$

⬇

$|t| = 1$　　$\arg t = \pm 60°$

⬇

$\left|\dfrac{\alpha+1}{\beta+1}\right| = 1$　　$\arg\left(\dfrac{\alpha+1}{\beta+1}\right) = \pm 60°$

⬇

を意味する

（左：A→B を +60° 回転して A→C、右：A→C を −60° 回転して A→B）

⬇

よって　△ABCは正三角形になる

Chapter 3 複素数の世界　　　回転移動の方法　section 3-3

(2)

$|\alpha| = 1$
$|\beta| = 1$

↓

△ABCは正三角形

↓

よく使う直角三角形

別解

attention
円周角と中心角の意識を持とう.

$\alpha = x + iy$ とおく
(β)

↓

$|\alpha| = 1 \cdots\cdots x^2 + y^2 = 1$
$= \sqrt{(x+1)^2 + y^2} = 2|y|$

↓

$(x+1)^2 + y^2 = 4y^2$

$(x+1)^2 + 3y^2$

$(x+1)^2 + 3(1 - x^2)$

$x^2 + 2x + 1 = 3 - 3x^2$

$4x^2 + 2x - 2 = 0$

$2x^2 + x - 1 = 0$

$(2x - 1)(x + 1) = 0$

~~$x = -1$~~　　$x = \dfrac{1}{2}$

($\alpha \neq -1$ より)

↓

$y^2 = \dfrac{3}{4}$

↓

$y = \pm \dfrac{\sqrt{3}}{2}$

↓

答

$= \dfrac{1}{2} \pm \dfrac{\sqrt{3}}{2} i$

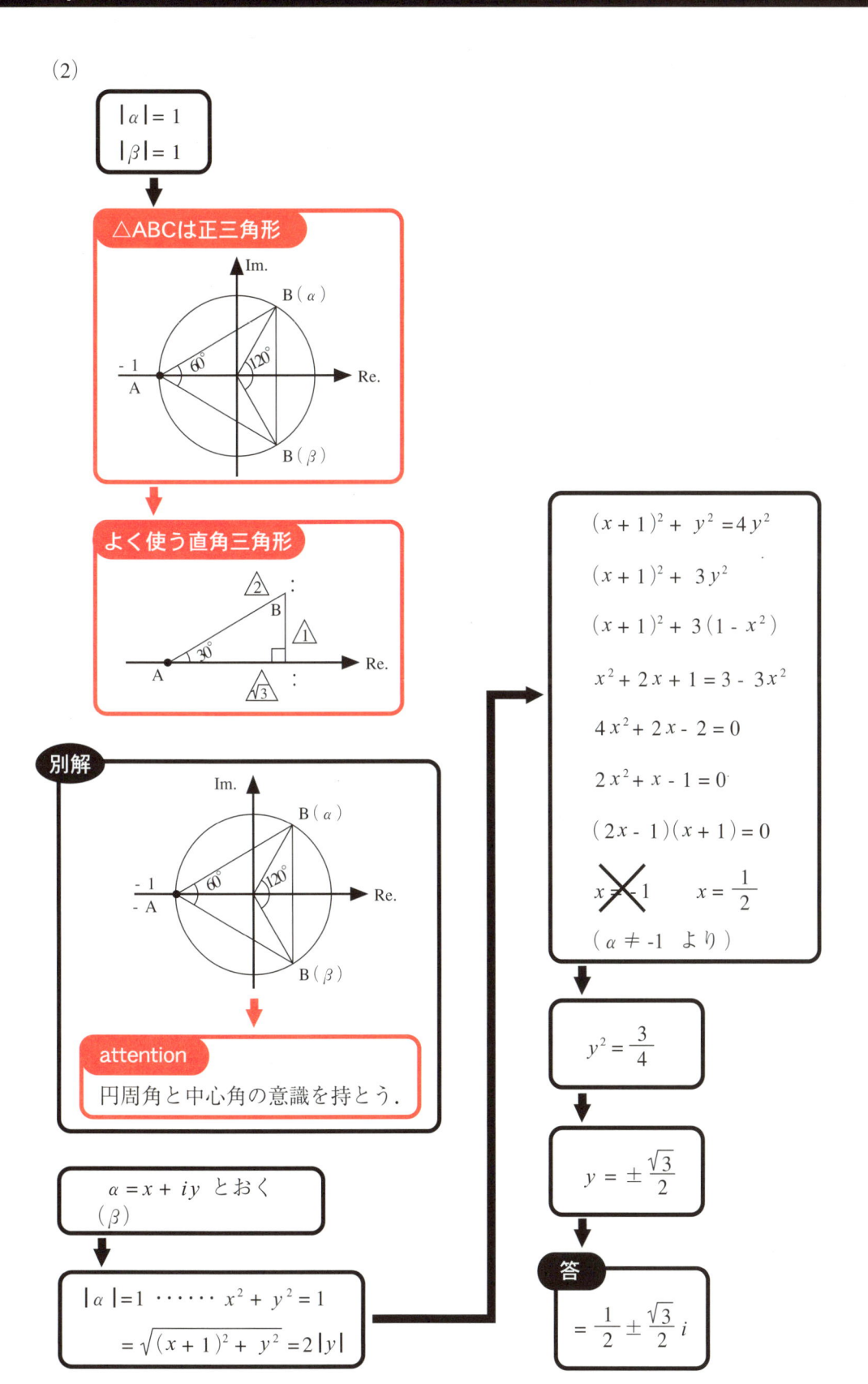

— 145 —

Chapter 3 複素数の世界   回転移動の方法 section 3-3

> 以下では複素数の偏角 θ は $0° \leq \theta < 360°$ の範囲で考えるものとする．
> $z_1 = 5 + 6i$，$z_2 = 3 + 2i$ とおく．このとき，
>
> (1) 曲線 $|z - \alpha| = r$ が z_1，z_2 および　を通るように複素数 α と実数 r を定めよ．
>
> (2) $\arg \dfrac{z_1 - z}{z_2 - z} = 90°$ を満たす z の範囲を図示せよ．
>
> (3) $|z| = 1$ の条件のもとで $\arg \dfrac{z_1 - z}{z_2 - z}$ を最大とする z を求めよ．
>
> （三重大）

解

考え方

(1)

思い出……円と弦

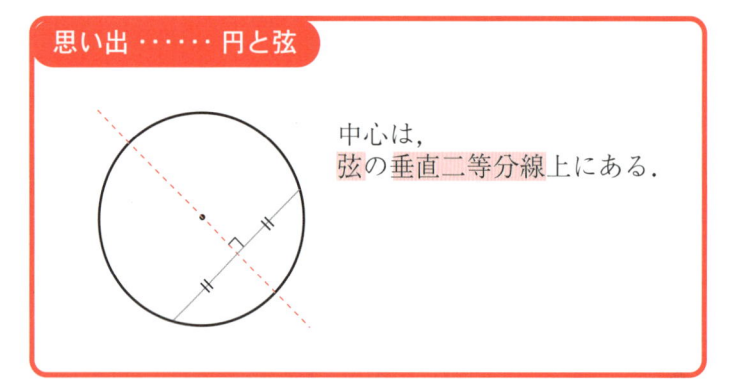

中心は，
弦の垂直二等分線上にある．

確認事項

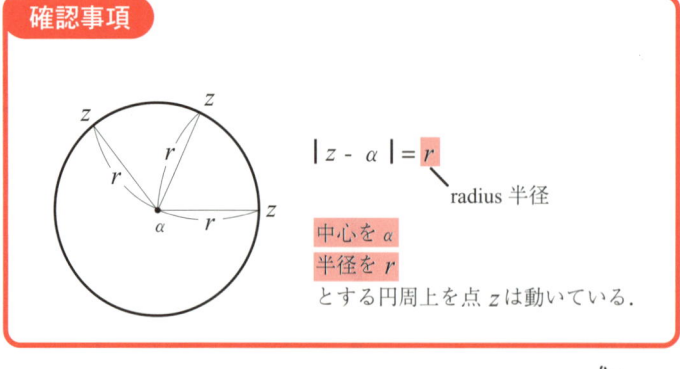

$|z - \alpha| = r$　radius 半径

中心を α
半径を r
とする円周上を点 z は動いている．

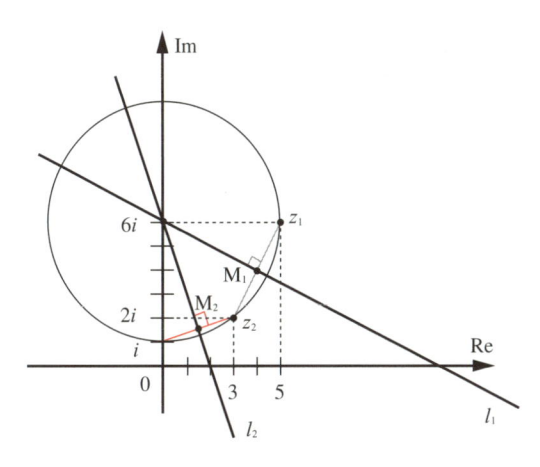

M_1：z_1, z_2 の中点 $(4+4i)$

M_2：i, z_2 の中点 $\left(\dfrac{3}{2}+\dfrac{3}{2}i\right)$

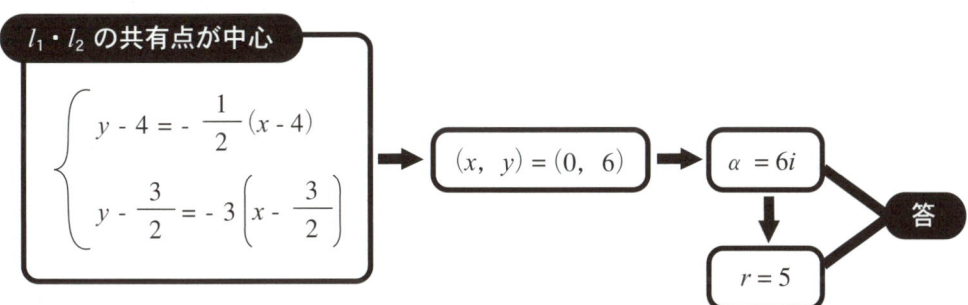

l_1 直線の式
$$y-4=-\dfrac{1}{2}(x-4)$$

l_2 直線の式
$$y-\dfrac{3}{2}=-3\left(x-\dfrac{3}{2}\right)$$

$l_1 \cdot l_2$ の共有点が中心

$$\begin{cases} y-4=-\dfrac{1}{2}(x-4) \\ y-\dfrac{3}{2}=-3\left(x-\dfrac{3}{2}\right) \end{cases} \longrightarrow (x,\ y)=(0,\ 6) \longrightarrow \begin{array}{c} \alpha=6i \\ \downarrow \\ r=5 \end{array} \longrightarrow 答$$

(2)

attention

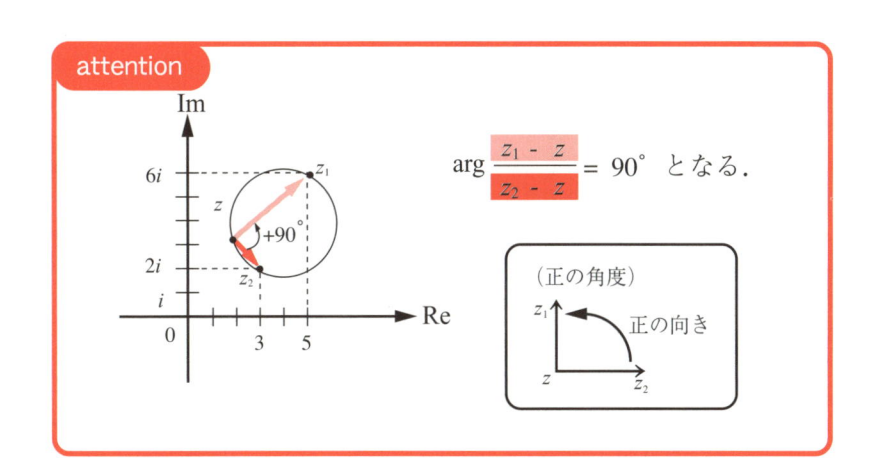

$\arg\dfrac{z_1-z}{z_2-z}=90°$ となる.

（正の角度）
正の向き

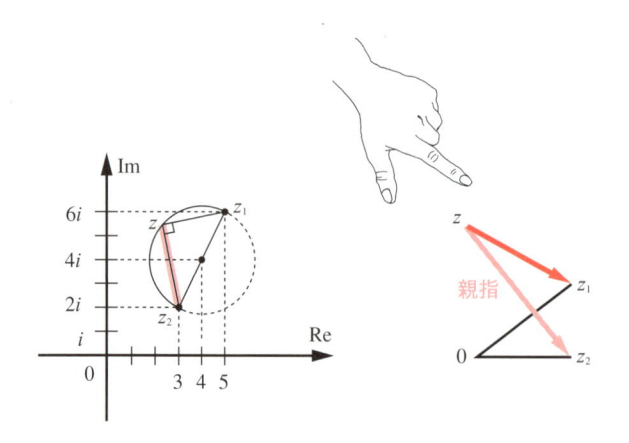

円周角 90°より
線分 z_1, z_2 を直径の両端とする円周上の実線部分に z はある.

(3)　$|z| = 1$

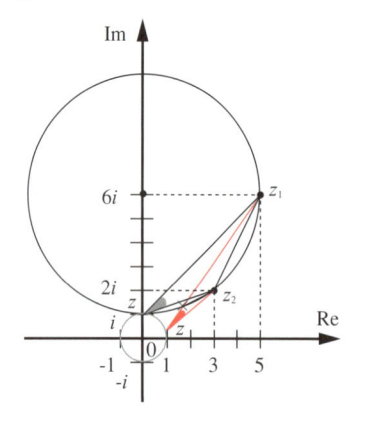

2つの円は
i で外接している.

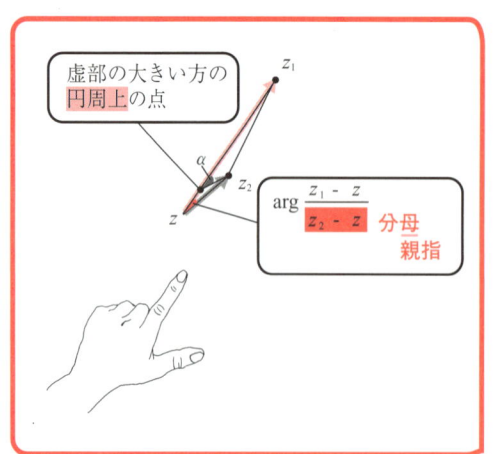

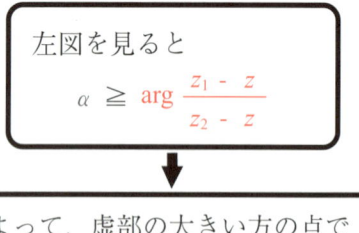

虚部の大きい方の
円周上の点

$\arg \dfrac{z_1 - z}{z_2 - z}$　分母 親指

左図を見ると
$$\alpha \geqq \arg \dfrac{z_1 - z}{z_2 - z}$$

よって, 虚部の大きい方の点で円周上にあるときが問題の要求する点とわかる.

よって, z が i のときが角度が最大とわかる.

Chapter 3 複素数の世界　　回転移動の方法　section 3-3

複素数平面上に原点Oと異なる4点 $P_1(z_1)$, $P_2(z_2)$, $P_3(z_3)$, $P(z)$ があり，次の①，②を満たしている．

$$z_3 = z_1 + z_2 \quad \cdots\cdots ①, \quad \frac{1}{z} = \frac{1}{z_1} + \frac{1}{z_2} \quad \cdots\cdots ②$$

3点O, P_1, P_2 は同一線上にないものとして，
(1) $\triangle OPP_1 \backsim \triangle OP_2P_3$, $\triangle OPP_2 \backsim \triangle OP_1P_3$ がそれぞれ成り立つことを証明せよ．
(2) $\angle P_1OP_2 = 90°$ のとき，点Pはどのような点になるか．

（信州大・教）

解

考え方

(1)

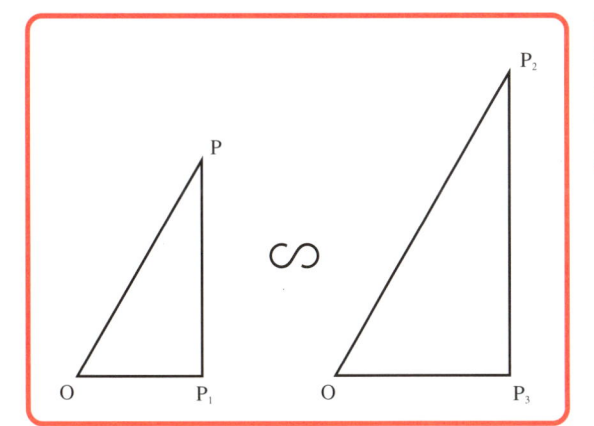

imagination

$$\frac{OP}{OP_1} = \frac{OP_2}{OP_3}$$

△OPP₁ と △OP₂P₃ を考える

②より
$$\frac{z}{z_1} = \frac{z_1 z_2}{(z_1 + z_2)z_1} = \frac{z_2}{z_1 + z_2}$$

①より
$$\frac{z_2}{z_3} = \frac{z_2}{z_1 + z_2}$$

$$\frac{z}{z_1} = \frac{z_2}{z_3}, \quad \therefore \frac{OP}{OP_1} = \frac{OP_2}{OP_3}$$

$$\triangle OPP_1 \backsim \triangle OP_2P_3$$

準備

$$\frac{1}{z} = \frac{1}{z_1} + \frac{1}{z_2}$$

$$\downarrow$$

$$z = \frac{z_1 z_2}{z_1 + z_2}$$

Chapter 3 複素数の世界 — 回転移動の方法 section 3-3

△OPP$_2$ と △OP$_1$P$_3$ を考える

$$\frac{z}{z_2} = \frac{z_1 z_2}{(z_1+z_2)z_2} = \frac{z_1}{z_1+z_2}$$

$$\frac{z_1}{z_3} = \frac{z_1}{z_1+z_2}$$

$$\frac{z}{z_2} = \frac{z_1}{z_3}, \quad \therefore \frac{OP}{OP_2} = \frac{OP_1}{OP_3}$$

$$\triangle OPP_2 \backsim \triangle OP_1P_3$$

imagination

$$\frac{OP}{OP_1} = \frac{OP_2}{OP_3}$$

(2)

$\angle P_1OP_2 = 90°$ 　　　$\arg \dfrac{z_1}{z_2} = \pm 90°$ 　親指

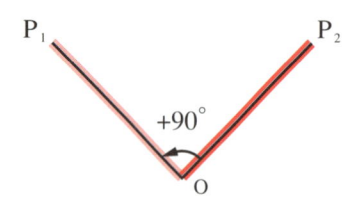

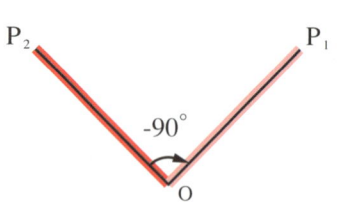

+90°　　　　　　　　　　　-90°

内容を図で表現すること!!!

↓

(1) をうまく利用

△OPP$_1$ ∽ △OP$_2$P$_3$ 　より

∴ ∠OPP$_1$ = ∠OP$_2$P$_3$ = 90°

△OPP$_2$ ∽ △OP$_1$P$_3$ 　より

∴ ∠OPP$_2$ = ∠OP$_1$P$_3$ = 90°

確認事項

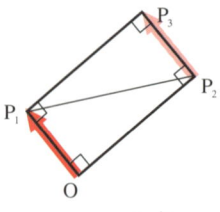

$z_3 = z_1 + z_2$ 　より

$\overrightarrow{OP_3} = \overrightarrow{OP} + \overrightarrow{OP_2}$

よって四角形OP$_1$P$_2$P$_3$は長方形

$\angle \mathrm{OPP}_1 = 90°$
$\angle \mathrm{OPP}_2 = 90°$

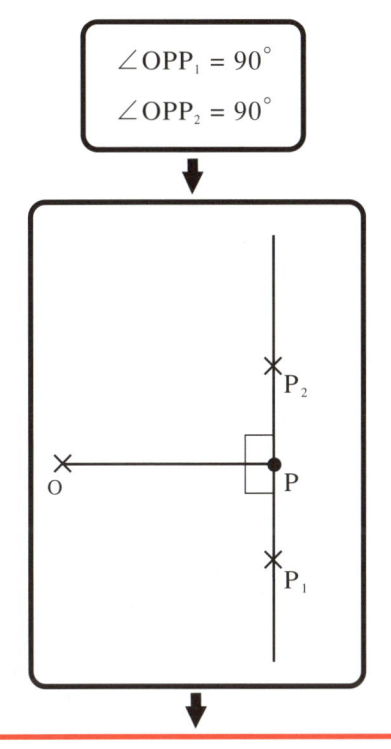

点PはOからP₁P₂に下ろした垂線の足

Chapter 3 複素数の世界 回転移動の方法 section 3-3

> 複素数平面上において，複素数 z_1, z_2, z_3 の表す点をそれぞれP，Q，Rとする．△PQRが，PQ：QR：RP = 3：4：5 なる三角形ならば，$\dfrac{z_3 - z_2}{z_1 - z_2}$ はどの様になるか．　　　　　　　　　　（東北学院大・工）

解

考え方

(1)

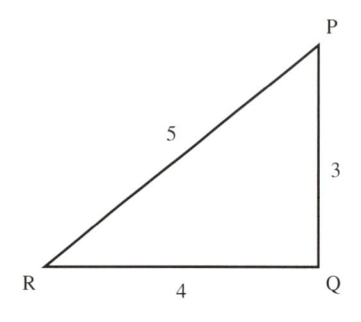

左の三角形をよーくみて見よう！

よく使う
三平方定理（平方が3つの等式）
が成立するかな？

↓

$5^2 = 4^2 + 3^2$
$25 = 16 + 9$　　成立するね

↓

よって，直角三角形とわかるね

↓

どこが直角かな？
（斜辺が一番長い辺だったね！）

↓

∠PQR = 90°　　わかる？

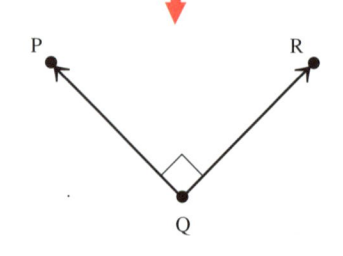

$z_3 - z_2$ はベクトルの $\overrightarrow{QR}$ と対応するね

$\dfrac{z_3 - z_2 \text{ 分子}}{z_3 - z_2 \text{ 分母}}$

$z_1 - z_2$ ベクトルの $\overrightarrow{QP}$ と対応するね

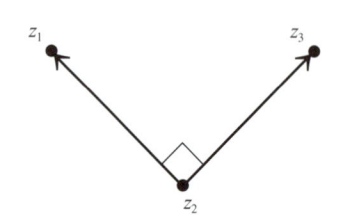

point
分母……回転ベクトルのスタート
　　　　としようね．
　　（理由：母から子へと行くんだ）

— 152 —

㋐ $\arg = \dfrac{\overrightarrow{QR}}{\overrightarrow{QP}} = -90°$

$\left|\dfrac{\overrightarrow{QR}}{\overrightarrow{QP}}\right| = \dfrac{4}{3}$

㋑ $\arg = \dfrac{\overrightarrow{QR}}{\overrightarrow{QP}} = +90°$

$\left|\dfrac{\overrightarrow{QR}}{\overrightarrow{QP}}\right| = \dfrac{4}{3}$

答

㋐ $\dfrac{4}{3} \operatorname{cis}(-90°) = \dfrac{4}{3}(\cos(-90°) + i\sin(-90°))$

$= -\dfrac{4}{3}i$

㋑ $\dfrac{4}{3} \operatorname{cis}(90°) = \dfrac{4}{3}i$

Chapter 3 複素数の世界　　　　　　　　　　回転移動の方法　section 3-3

複素数平面において，Oを原点，複素数 $-2+\sqrt{3}i$ を表す点をPとする．PをOの周りに135°だけ回転した点Qは複素数 ☐ を表す点である．また，直線OPに関してQと対称な点Rは複素数 ☐ を表す点である．　　　（関西大学院・総合政策）

解

考え方

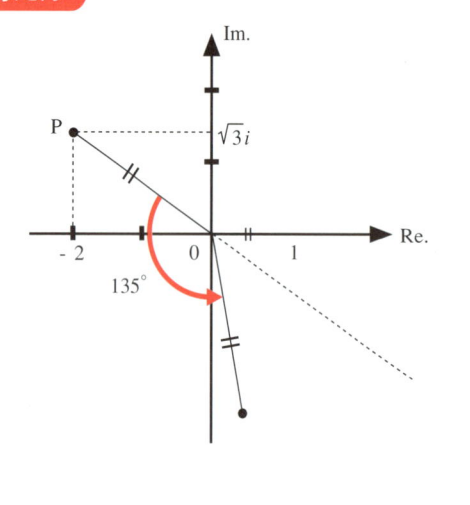

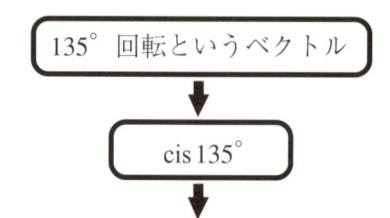

135°回転というベクトル
↓
cis 135°
↓

$\overrightarrow{OQ} = \overrightarrow{OP} \cdot \text{cis}\,135°$

$\qquad = (-2+\sqrt{3}i)\cdot\left(-\dfrac{1}{\sqrt{2}}+\dfrac{1}{\sqrt{2}}i\right)$

$\qquad = \left(\sqrt{2}-\dfrac{\sqrt{6}}{2}\right)+\left(-\sqrt{2}-\dfrac{\sqrt{6}}{2}\right)i$

答

$\overrightarrow{OQ}$ はQの複素数と同一視できるので

$Q\left(\left(\sqrt{2}-\dfrac{\sqrt{6}}{2}\right)+\left(-\sqrt{2}-\dfrac{\sqrt{6}}{2}\right)i\right)$

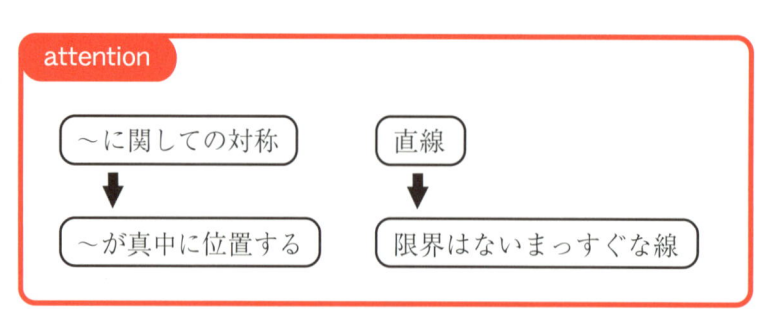

attention

～に関しての対称　　　直線
↓　　　　　　　　　　↓
～が真中に位置する　　限界はないまっすぐな線

Chapter 3 複素数の世界　　　回転移動の方法　section 3-3

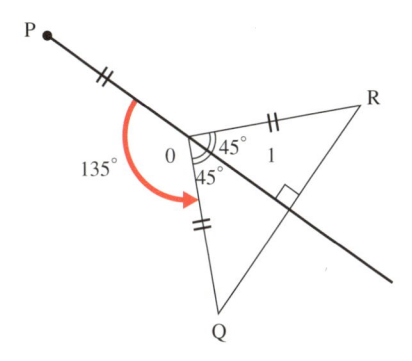

> **図をよーく見ようね！**
>
> 特徴を自分の目で見つけ出す！！
>
> 点Rは
> ・点Qを
> ・0を中心とし
> ・90°回転
> すれば求まる．

答

$$\overrightarrow{OR} = \overrightarrow{OQ} \cdot \operatorname{cis} 90°$$

$$= \left\{ \left(\sqrt{2} - \frac{\sqrt{6}}{2}\right) + \left(-\sqrt{2} - \frac{\sqrt{6}}{2}\right)i \right\} \cdot (\operatorname{cis} 90° + i\operatorname{cis} 90°)$$

$$= \left\{ \left(\sqrt{2} - \frac{\sqrt{6}}{2}\right) + \left(-\sqrt{2} - \frac{\sqrt{6}}{2}\right)i \right\} \cdot i$$

$$= \left(\sqrt{2} + \frac{\sqrt{6}}{2}\right) + \left(\sqrt{2} - \frac{\sqrt{6}}{2}\right)i$$

Chapter 3 複素数の世界　　回転移動の方法　section 3-3

つぎの □ にあてはまる有理数は何か．
複素数平面上に正六角形ABCDEFがある．その頂点A，B，C，D，を表す複素数をそれぞれ α，β．γ，δ とするとき，
　　$\alpha = 0$，$\beta = 4 - 3i$．
であり，δ の実部（実数部分ともいう）が正であるならば，
　　$\gamma = (\square + \square\sqrt{3}) + (\square + \square\sqrt{3})i$
である．

（東京大学）

解

考え方

・A(α) B(β) C(γ) D(δ)
・正六角形ＡＢＣＤＥＦ
・Re $\delta > 0$
　δの実部の表現方法

　正六角形の中心をGとする

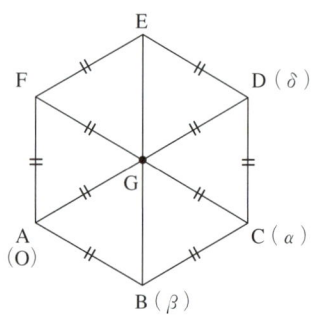

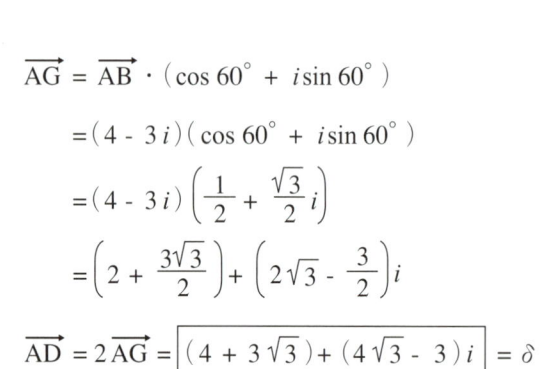

$\overrightarrow{AG} = \overrightarrow{AB} \cdot (\cos 60° + i\sin 60°)$

$\phantom{\overrightarrow{AG}} = (4 - 3i)(\cos 60° + i\sin 60°)$

$\phantom{\overrightarrow{AG}} = (4 - 3i)\left(\dfrac{1}{2} + \dfrac{\sqrt{3}}{2}i\right)$

$\phantom{\overrightarrow{AG}} = \left(2 + \dfrac{3\sqrt{3}}{2}\right) + \left(2\sqrt{3} - \dfrac{3}{2}\right)i$

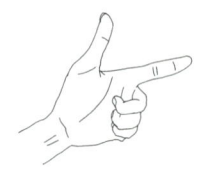

$\overrightarrow{AD} = 2\overrightarrow{AG} = \boxed{(4 + 3\sqrt{3}) + (4\sqrt{3} - 3)i} = \delta$

$\overrightarrow{OC} = \overrightarrow{OG} + \overrightarrow{OB}$

$\phantom{\overrightarrow{OC}} = \left(2 + \dfrac{3\sqrt{3}}{2}\right) + \left(2\sqrt{3} - \dfrac{3}{2}\right)i + (4 - 3i)$

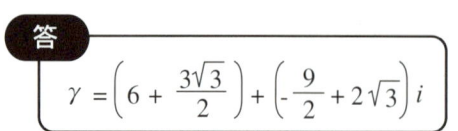

答

$\gamma = \left(6 + \dfrac{3\sqrt{3}}{2}\right) + \left(-\dfrac{9}{2} + 2\sqrt{3}\right)i$

Chapter 3 複素数の世界 回転移動の方法 section 3-3

xy 平面の原点を O, 座標が $(1, 0)$ である x 軸上の点を A_0 とする. x 軸の正の部分を角 θ 回転した向きに, A_0 から γ 進んだ点を A_1 とする. 次にベクトル $\overrightarrow{A_0A_1}$ を角 θ 回転した向きに, A_1 から γ^2 進んだ点を A_2 とする. 以下同様に, $\overrightarrow{A_{n+1}A_n}$ を角 θ 回転した向きに, A_n から γ^{n+1} 進んだ点を A_{n+1} とする. $\overrightarrow{OA_n} = (x_n, y_n)$ とし, また複素数 z を極形式を使って $z = \gamma(\cos\theta + i\sin\theta)$ で定める. ただし, γ, θ は上で定めた実数である.

(1) $x_1 + iy_1$ を z で表せ.
(2) $(1-z)(x_n + iy_n)$ を z と n で表せ.

(姫路工大)

解

考え方

準備

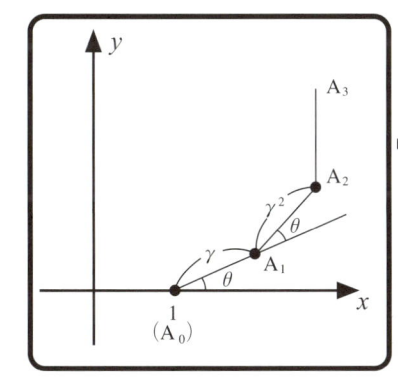

この動きによって
$\overrightarrow{OA_0} = \begin{pmatrix} 1 \\ 0 \end{pmatrix}$
$\overrightarrow{OA_1} = \begin{pmatrix} x_1 \\ y_1 \end{pmatrix}$
$\overrightarrow{OA_2} = \begin{pmatrix} x_2 \\ y_2 \end{pmatrix}$
$\overrightarrow{OA_n} = \begin{pmatrix} x_n \\ y_n \end{pmatrix}$
とする.

$z = \gamma \operatorname{cis} \theta$ と表現する.
(γ, θ は問題中のものとする)

(1)

$x_1 + iy_1$ …… $\overrightarrow{OA_1}$ のこと

$\overrightarrow{OA_1}$ について図をよーく見よう

$\overrightarrow{OA_1} = \overrightarrow{OA_0} + \overrightarrow{A_0A_1}$
$= \overrightarrow{OA_0} + \overrightarrow{OA_0} \cdot \operatorname{cis}\theta \times \gamma$
$= 1 + 1 \cdot (\cos\theta + i\sin\theta) \times \gamma$
$= (1 + \gamma\cos\theta) + i\gamma\sin\theta$

答 $= 1 + z$

別解

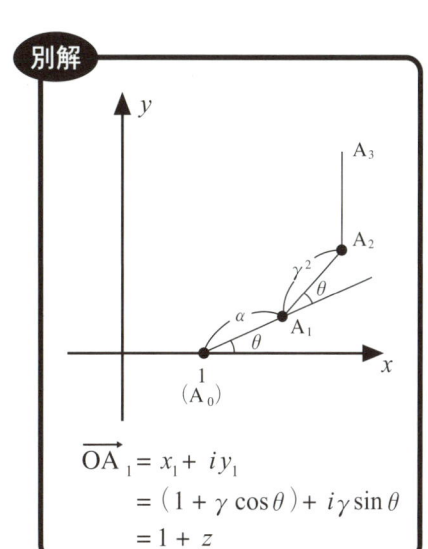

$\overrightarrow{OA_1} = x_1 + iy_1$
$= (1 + \gamma\cos\theta) + i\gamma\sin\theta$
$= 1 + z$

(2)

$$(1-z)(x_n + iy_n)$$

↓

$x_n + iy_n$ について考えてみよう

↓

$\overrightarrow{OA_n}$ について考えればよい

↓

$$\overrightarrow{OA_n} = \overrightarrow{OA_0} + \overrightarrow{A_0A_1} + \overrightarrow{A_1A_2} + \cdots\cdots + \overrightarrow{A_{n+1}A_n}$$
$$= 1 + \gamma \operatorname{cis}\theta + \gamma^2 \operatorname{cis}2\theta + \cdots\cdots + \gamma^n \operatorname{cis}n\theta$$
$$= 1 + z + z^2 + z^3 + \cdots\cdots + z^n$$

↓

$$\therefore (1-z)(x_n + iy_n) = (1-z)(1 + z + z^2 + z^3 + \cdots\cdots + z^n)$$
$$= 1 - z^{n+1}$$

確認事項

複素数とベクトルの対応を明白にしていこう．

1	$\cdots\cdots$	$\overrightarrow{OA_1}$
$x_1 + iy_1$	$\cdots\cdots$	$\overrightarrow{OA_1} = \overrightarrow{OA_0} + \overrightarrow{A_1A_2}$
$x_2 + iy_2$	$\cdots\cdots$	$\overrightarrow{OA_2} = \overrightarrow{OA_0} + \overrightarrow{A_0A_1} + \overrightarrow{A_1A_2}$
$(x_1 - 1) + iy_1$	$\cdots\cdots$	$\overrightarrow{A_0A_1} = \overrightarrow{OA_1} - \overrightarrow{OA_0}$
$(x_2 - x_1) + i(y_2 - y_1)$	$\cdots\cdots$	$\overrightarrow{A_1A_2} = \overrightarrow{OA_2} - \overrightarrow{OA_1}$
$(x_n - x_{n-1}) + i(y_n - y_{n-1})$	$\cdots\cdots$	$\overrightarrow{A_{n-1}A_n} = \overrightarrow{OA_n} - \overrightarrow{OA_{n-1}}$

Chapter 3 複素数の世界 / 回転移動の方法 section 3-3

> z を0でない複素数とし，その絶対値を γ，偏角を θ とする．複素平面上で，0，$z + z^2$，$z^2 + z^3$ を3頂点とする三角形の面積を，γ と θ を用いて表せ．ただし，$0 < \theta < \pi$ とする． （広島大学・理科系）

解

考え方

$z = \gamma(\cos\theta + i\sin\theta) \quad z \neq 0$

0，$z + z^2$，$z^2 + z^3$ で作られる三角形の面積について考える．

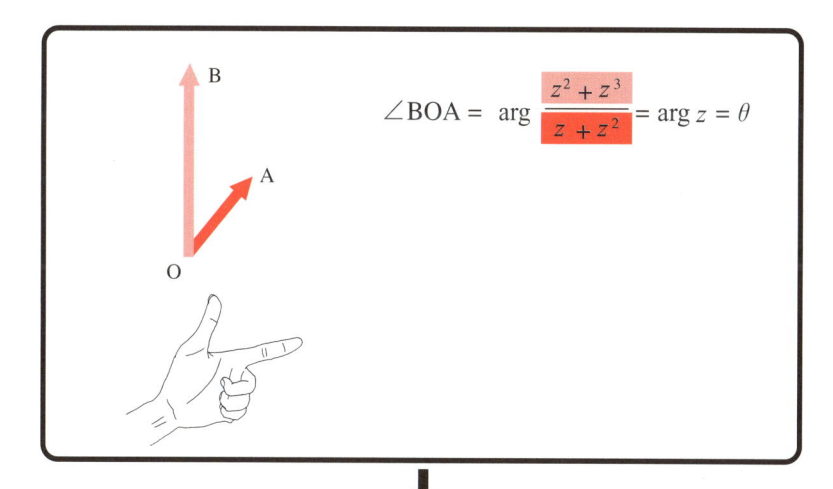

$\mathrm{A}(z + z^2)$，$\mathrm{B}(z^2 + z^3)$ とする

$$\angle \mathrm{BOA} = \arg\frac{z^2 + z^3}{z + z^2} = \arg z = \theta$$

$$S = \frac{1}{2}\mathrm{OA}\cdot\mathrm{OB}\cdot\sin\theta$$

$$= \frac{1}{2}|z + z^2|\cdot|z^2 + z^3|\sin\theta$$

$$= \frac{1}{2}|z|^3\cdot|1 + z|^2 \sin\theta$$

$$= \frac{1}{2}\gamma^3 |1 + \gamma(\cos\theta + i\sin\theta)|^2 \sin\theta$$

$$= \frac{1}{2}\gamma^3 \sin\theta \left\{(1 + \gamma\cos\theta)^2 + \gamma^2\sin^2\theta\right\}$$

$$= \frac{1}{2}\gamma^3 \sin\theta (\gamma^2 + 2\gamma\cos\theta + 1) \quad \textbf{答}$$

複素平面上で3つの複素数
$$z_1 = \cos\alpha + i\sin\alpha,\ z_2 = \cos\beta + i\sin\beta,\ z_3 = \cos\gamma + i\sin\gamma$$
を表す点をそれぞれA, B, Cとし, △ABCを正三角形とする.
(1) $\cos\alpha + \cos\beta + \cos\gamma = \sin\alpha + \sin\beta + \sin\gamma = 0$を証明せよ.
(2) 適当な複素数ωをとれば, $z_2 = z_1\omega$, $z_3 = z_1\omega^2$となる. ωはどんな複素数にすればよいか.
(3) $\cos 2\alpha + \cos 2\beta + \cos 2\gamma = \sin 2\alpha + \sin 2\beta + \sin 2\gamma = 0$を証明せよ.
（新潟大学　数学Ⅰ・ⅡB・Ⅲ 理科系）

解

考え方

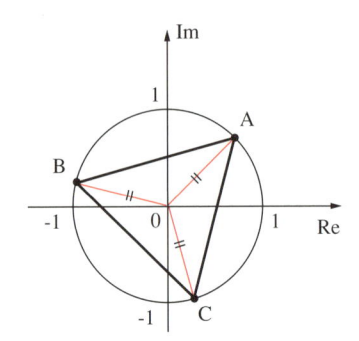

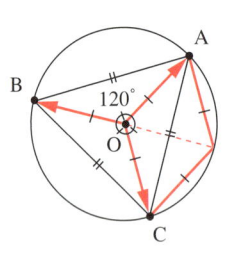

$z_1 = \cos\alpha + i\sin\alpha$ ‥‥‥A
$z_2 = \cos\beta + i\sin\beta$ ‥‥‥B
$z_3 = \cos\gamma + i\sin\gamma$ ‥‥‥C

(1) vectorとして見ていく.
$\overrightarrow{OA} + \overrightarrow{OB} = -\overrightarrow{OC}$
∴ $\overrightarrow{OA} + \overrightarrow{OB} + \overrightarrow{OC} = 0$

∴ $z_1 + z_2 + z_3 = 0$

$\sin\alpha + \sin\beta + \sin\gamma = 0$	虚部
$\cos\alpha + \cos\beta + \cos\gamma = 0$	実部

(2) 図より, $\overrightarrow{OA}$を$\pm 120°$回転させると$\overrightarrow{OB}$となる.

$$\omega = \cos(\pm 120°) + i\sin(\pm 120°) = -\frac{1}{2} + \left(\pm\frac{\sqrt{3}}{2}\right)i$$

よって　$\omega = \dfrac{-1 \pm \sqrt{3}\,i}{2}$

(3) $z_1 + z_2 + z_3 = 0$ より　$(z_1 + z_2 + z_3)^2 = 0$
よって
$$z_1^2 + z_2^2 + z_3^2 + 2(z_1 z_2 + z_2 z_3 + z_3 z_1) = 0$$
$z_2 = z_1 \cdot \text{cis}\,\pm 120°$, $z_3 = z_1\omega^2 = z_1\,\text{cis}\,\mp 120°$ を代入（複号同順）

$$z_1^2 + z_2^2 + z_3^2 + 2\left\{\left(-\frac{1}{2} + \frac{\sqrt{3}}{2}i\right)z_1^2 + z_1^2 + \frac{-1-\sqrt{3}\,i}{2}z_1^2\right\} = 0$$

∴ $z_1^2 + z_2^2 + z_3^2 = 0$

$(\cos 2\alpha + i\sin 2\alpha) + (\cos 2\beta + i\sin 2\beta) + (\cos 2\gamma + i\sin 2\gamma) = 0$
∴ $\cos 2\alpha + \cos 2\beta + \cos 2\gamma = \sin 2\alpha + \sin 2\beta + \sin 2\gamma = 0$

Chapter 3 複素数の世界 / 回転移動の方法 section 3-3

図のように複素平面の原点を P_0 とし，P_0 から実軸の正の方向に1進んだ点を P_1 とする．次に P_1 を中心として45°回転して向きを変え，$\frac{1}{\sqrt{2}}$ を進んだ点を P_2 とする．以下同様に P_n に到達した後，45°回転してから前回進んだ距離の $\frac{1}{\sqrt{2}}$ 倍進んで到達する点を P_{n+1} とする．このとき点 P_{10} が表す複素数を求めよ．

（98 日本女子大・理）

解

考え方

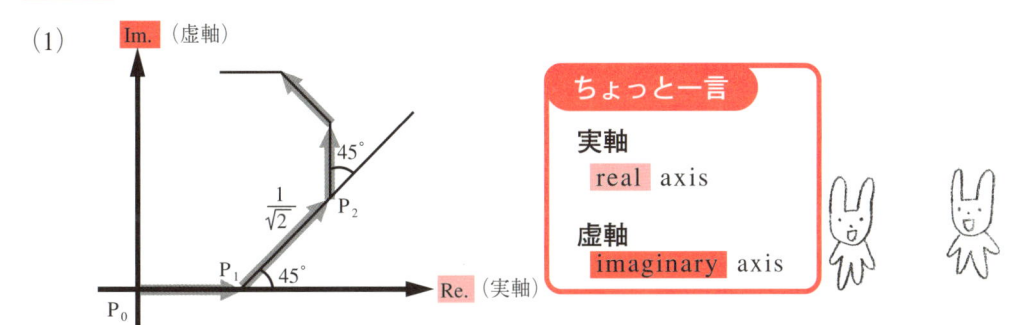

(1)

ちょっと一言
実軸 real axis
虚軸 imaginary axis

$\overrightarrow{P_0 P_{10}}$ を考えればいい．（始点が0である事を確認）

$\overrightarrow{P_0 P_{10}} = \overrightarrow{P_0 P_1} + \overrightarrow{P_1 P_2} + \overrightarrow{P_2 P_3} + \cdots\cdots + \overrightarrow{P_9 P_{10}}$

$\alpha = \frac{1}{\sqrt{2}}(\cos 45° + i \sin 45°)$ とおく．

$= 1 + \alpha + \alpha^2 \cdots\cdots\cdots + \alpha^{10}$

$= \dfrac{1 - \alpha^{10}}{1 - \alpha}$

ちょっと一言
$\overrightarrow{P_1 P_2}$ の意味
$\frac{1}{\sqrt{2}}(\cos 45° + i \sin 45°)$

等比数列の和の公式

$= \dfrac{1 - \left(\frac{1}{\sqrt{2}}\right)^5 (\cos 450° + i \sin 450°)}{1 - \frac{1}{\sqrt{2}}(\cos 45° + i \sin 45°)}$

$= \dfrac{1 - \frac{1}{32}i}{\left(1 - \frac{1}{2}\right) - \frac{1}{2}i} = \dfrac{1 - \frac{1}{32}i}{\frac{1}{2} - \frac{1}{2}i} = \dfrac{33}{32} + \dfrac{31}{32}i$

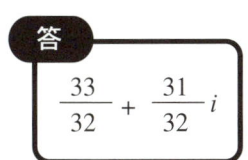

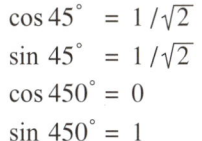

自分で確認しよう
$\cos 45° = 1/\sqrt{2}$
$\sin 45° = 1/\sqrt{2}$
$\cos 450° = 0$
$\sin 450° = 1$

答

$\boxed{\dfrac{33}{32} + \dfrac{31}{32}i}$

Chapter 3 複素数の世界 — 回転移動の方法 section 3-3

複素数平面上において，原点Oを中心とする半径1の円周上に2点P(z)，Q(w)がある．このとき，次の問に答えよ．

(1) $z - 2w - \sqrt{3} = 0$ のとき，△OPQの面積を求めよ．

(2) $0° < \arg z < 45°$，$0° < \arg w < 45°$ のとき，$\arg \dfrac{\sin(z-1)(w-1)}{zw-1}$ を求めよ．

(和歌山大)

考え方

(1)

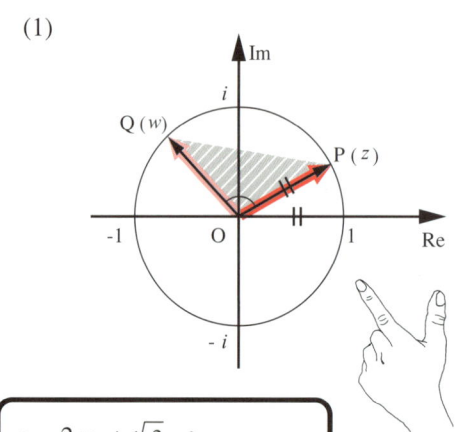

point
∠QOPを求めよう．

$z = 2w + \sqrt{3}$ へ
$w = \cos\theta + i\sin\theta$ を代入

↓

$|z| = 1$ より

$(2\cos\theta + \sqrt{3})^2 + (2\sin\theta)^2 = 1$
$4 + 4\sqrt{3}\cos\theta + 3 = 1$
$\cos\theta = -\dfrac{6}{4\sqrt{3}} = -\dfrac{3}{2\sqrt{3}}$

↓

$\cos\theta = -\dfrac{\sqrt{3}}{2}$
$\sin\theta = \pm\dfrac{1}{2}$
より

→

$w = -\dfrac{\sqrt{3}}{2} \pm \dfrac{1}{2}i$
$z = 2w + \sqrt{3} = -\sqrt{3} \pm i + \sqrt{3} = \pm i$
（複号同順）

$\arg w = \pm 150°$
$\arg z = \pm 90°$
（複号同順）

↓

∠POQ $= \arg \dfrac{z}{w} = \arg z - \arg w$
$= \pm 90° - (\pm 150°) = -240°, 60°$

↓

△OPQ $= \dfrac{1}{2} \cdot 1 \cdot 1 \cdot \sin \angle POQ$
$= \dfrac{1}{2} \cdot 1 \cdot 1 \cdot \dfrac{\sqrt{3}}{2} = \dfrac{\sqrt{3}}{4}$

(2)

$$0° < \arg z < 45°$$
$$0° < \arg w < 45°$$

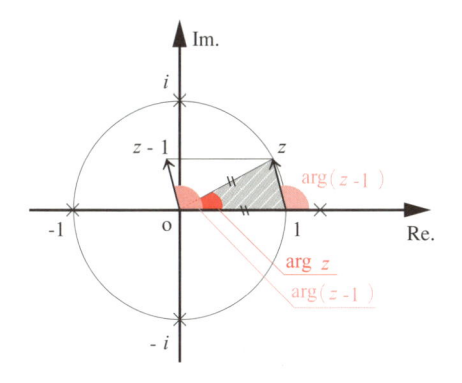

point
VECTORとして考える

attention
"等しい辺の長さ"の部分
"等しい角度"を記入

斜線部分は二等辺三角形なので

$$\arg(z-1) = 180° - \frac{180° - \arg z}{2}$$
$$= 90° + \frac{\arg z}{2}$$

同様に

$$\arg(w-1) = 90° + \frac{\arg w}{2}$$

$$\arg \frac{(z-1)(w-1)}{zw-1} = \arg(z-1) + \arg(w-1) - \arg(zw-1)$$
$$= \left(90° + \frac{\arg z}{2}\right) + \left(90° + \frac{\arg w}{2}\right) - \left(90° + \frac{\arg(zw)}{2}\right)$$
$$= 90° + \frac{\arg z}{2} + \frac{\arg w}{2} - \frac{\arg z + \arg w}{2}$$
$$= 90°$$

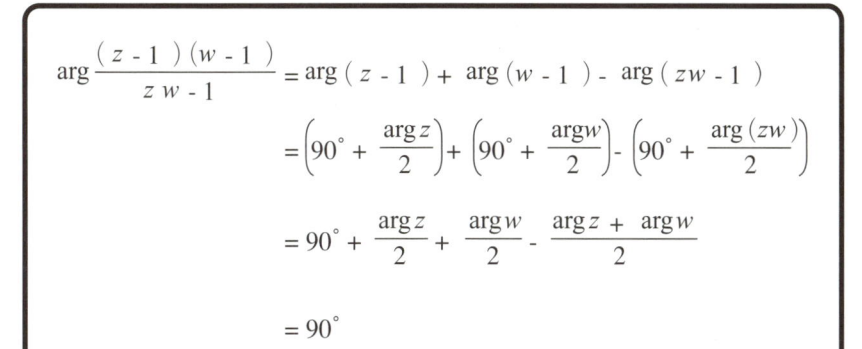

答 90°

Chapter 3 複素数の世界 — 回転移動の方法 section 3-3

0でない複素数 z_1, z_2 が $z_1\overline{z_2} + \overline{z_1}z_2 = 0$ を満たしている．
(1) 複素数平面において，$0, z_1, z_2$ の表す点をそれぞれ O，P_1，P_2 とするとき，$OP_1 \perp OP_2$ であることを証明せよ．
(2) z_1, z_2 が複素数平面における2点 $-\sqrt{3}, i$ を通る直線上にあるとき，$\arg(z_1 z_2)$ の取りうる範囲を求めよ．ただし，$0° \leq \arg z_1 < 360°$，$0° \leq \arg z_2 < 360°$ とする．
(3) (2)の条件のもとで，$|z_1 z_2|$ の最小値を求めよ．

（岩手大・農，教）

解

考え方

(1)

$z_1 \overline{z_2} + \overline{z_1} z_2 = 0$

↓

$\dfrac{z_1}{z_2} \cdot \overline{z_2} + \overline{z_1} = 0$

↓

$\dfrac{z_1}{z_2} = -\dfrac{\overline{z_1}}{\overline{z_2}}$

↓

$\dfrac{z_1}{z_2} = -\left(\overline{\dfrac{z_1}{z_2}}\right)$

……(✽)

↓

$\dfrac{z_1}{z_2}$ は Im軸にある

↓

$\arg \dfrac{z_1}{z_2} = \pm 90°$

imagination

$\dfrac{z_1}{z_2}$ を作ってみよう

(✽)の理由

この図より z と $-\overline{z}$ は Im軸……虚軸 (imaginary axis) について線対称．

確認事項

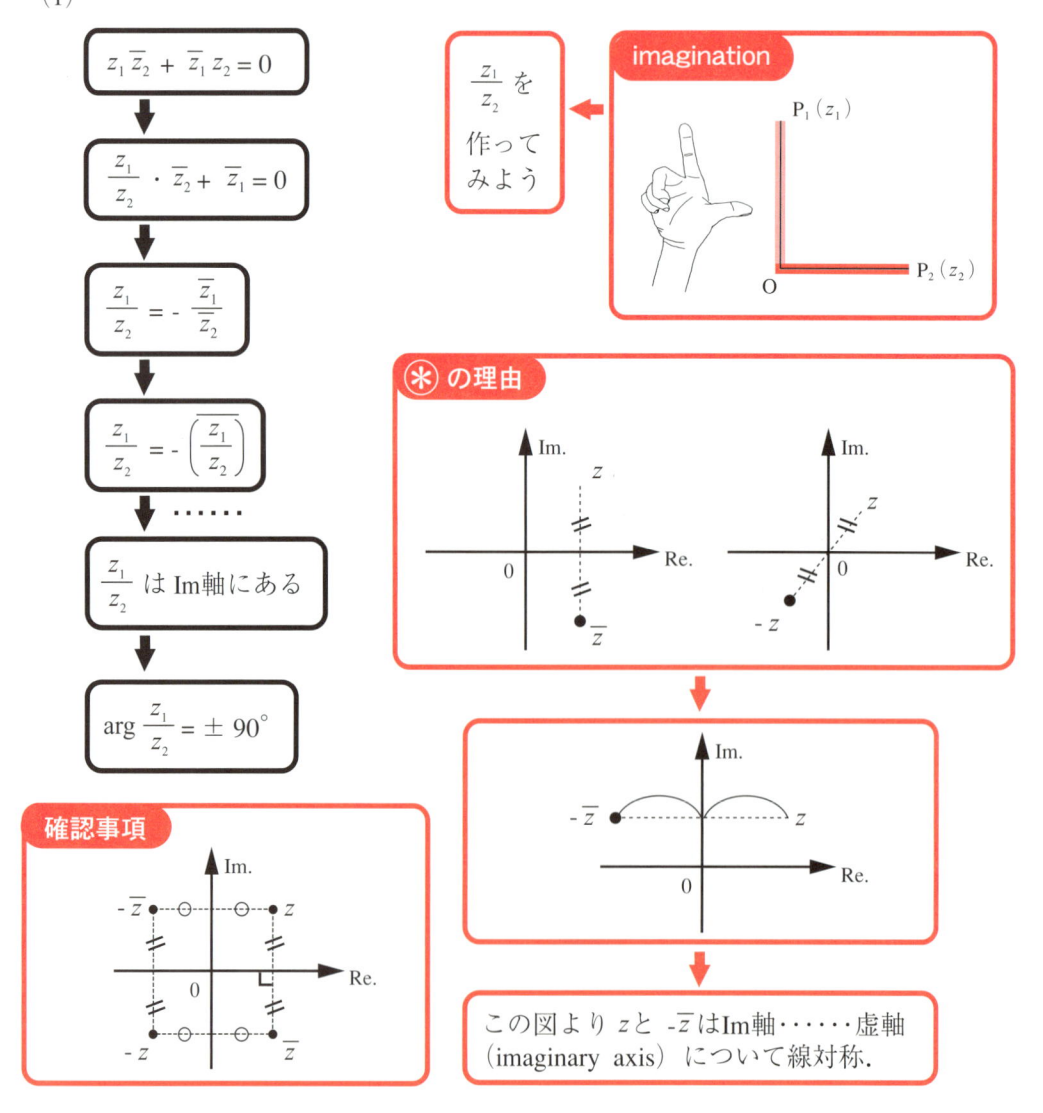

(2)

attention
$z_1 z_2$ は積なので可換

↓

$\arg z_2 > \arg z_1$ としても結果は変わらない．

↓

$\arg z_2 = \arg z_1 + 90°$

attention
$z_1 z_2$ が $OP_1 \perp OP_2$ の条件を満たして，l 上に存在しない時を考えなければならない．

(2) の状況を具体化してみるといい!!

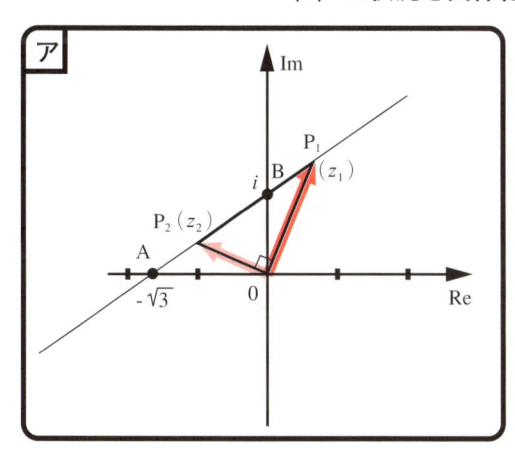

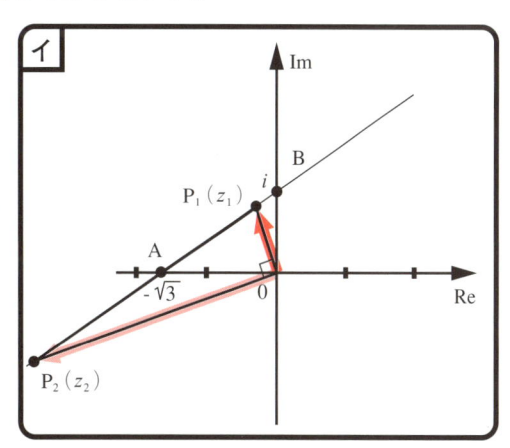

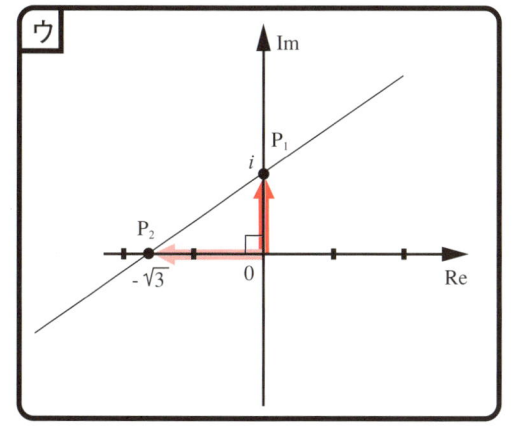

ア

イ

ウ

ア

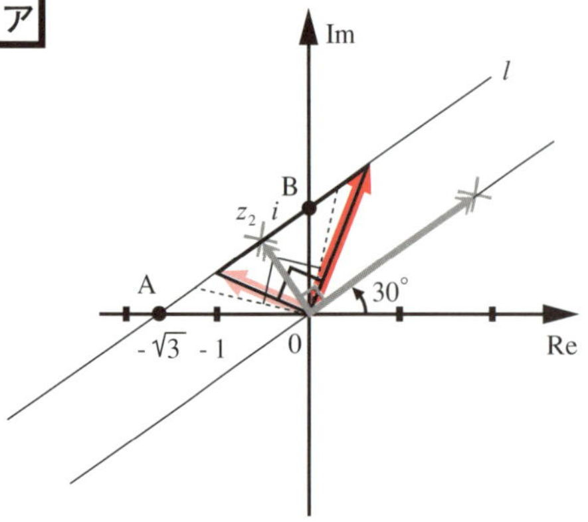

点 $P_2(z_2)$ を $A \to B$ まで動かしていくと，（—の部分）×の部分に P_2 が来たときより右方向に進んでは点 $P_1(z_1)$ は直線上に存在できない．

図より
　×の z_1 ……… $\arg z_1 = 30°$
　×の z_2 ……… $\arg z_2 = 120°$

イ

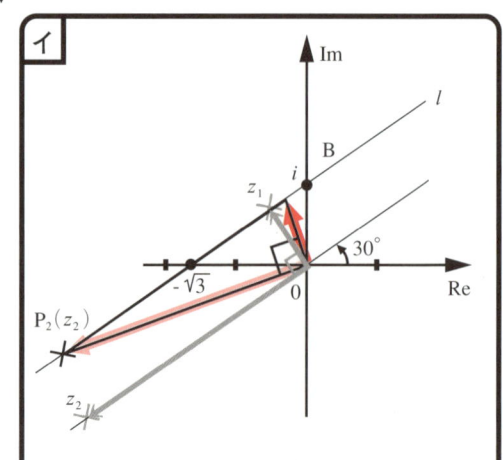

点 P_2 を点 A より左方向へ動かしていくと，×の部分に P_1 が来たときより左方向に進むと点 $P_2(z_2)$ は直線上に存在できない．

図より
　×の z_1 ……… $\arg z_1 = 120°$
　×の z_2 ……… $\arg z_2 = 210°$

それは，図のように l に平行で O を通る直線上に z_1 又は z_2 があるときです．

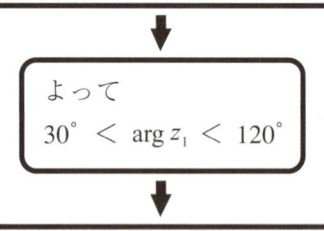

よって
$30° < \arg z_1 < 120°$

$$\arg(z_1 z_2) = \arg z_1 + \arg z_2$$
$$= \arg z_1 + \arg z_1 + 90°$$
$$= 2\arg z_1 + 90°$$
$$2 \cdot 30° + 90° < \arg(z_1 z_2) < 2 \cdot 120° + 90°$$

$150° \lneq \arg(z_1 z_2) \lneq 330°$

(3) 図の部分に角 θ を決める.

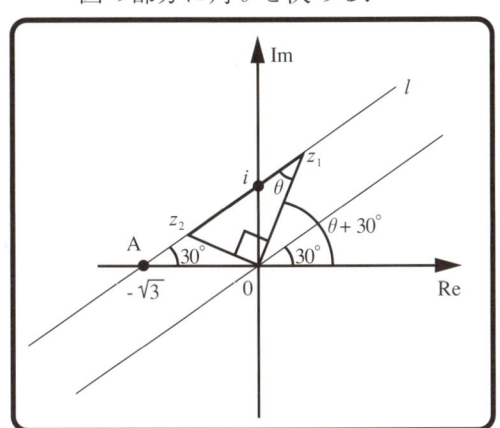

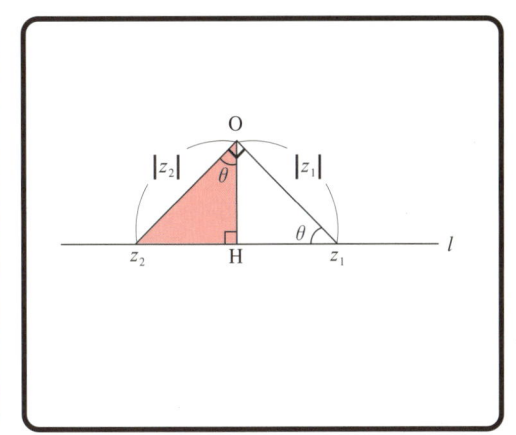

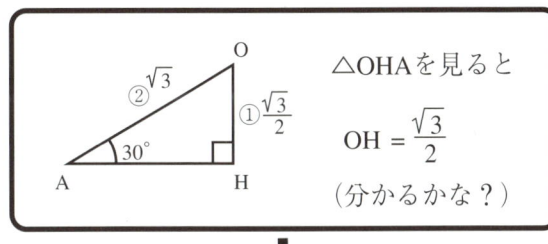

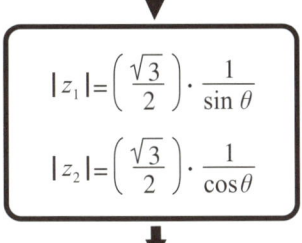

△OHA を見ると

$OH = \dfrac{\sqrt{3}}{2}$

(分かるかな？)

$|z_1| = \left(\dfrac{\sqrt{3}}{2}\right) \cdot \dfrac{1}{\sin\theta}$

$|z_2| = \left(\dfrac{\sqrt{3}}{2}\right) \cdot \dfrac{1}{\cos\theta}$

$|z_1 z_2| = |z_1| \cdot |z_2|$

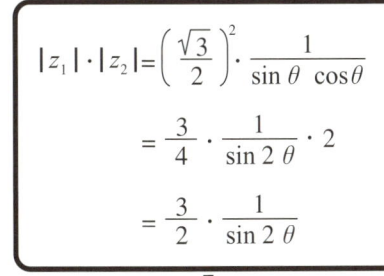

$|z_1| \cdot |z_2| = \left(\dfrac{\sqrt{3}}{2}\right)^2 \cdot \dfrac{1}{\sin\theta \cos\theta}$

$= \dfrac{3}{4} \cdot \dfrac{1}{\sin 2\theta} \cdot 2$

$= \dfrac{3}{2} \cdot \dfrac{1}{\sin 2\theta}$

よって，Min は $\sin 2\theta = 1$

のとき $\dfrac{3}{2}$ ($\theta = 45°$)

確認事項

$\sin 2\theta$ の範囲

$30° < \theta + 30° < 120°$ より （arg z_1 のことです）

$0° < 2\theta + 180°$

∴ $0 < \sin 2\theta \leqq 1$

ちょっと一言

極大値と最大値は**同じ英語** Maximum
極小値と最小値は**同じ英語** Minimum

Chapter 3 複素数の世界　　　回転移動の方法　section 3-3

複素数 α，β は $3\alpha^2 + 5\beta^2 - 6\alpha\beta = 0$，$|\alpha + \beta| = 1$ をみたすとする．

(1) $\dfrac{\alpha}{\beta}$ を求めよ．

(2) $\arg\left(\dfrac{\beta - \alpha}{\beta}\right)$ を求めよ．

(3) $|\beta|$ を求めよ．

(4) 複素数平面上で 0，α，β を3頂点とする三角形の面積を求めよ．

（長崎大）

解

考え方

$$\begin{cases} 3\alpha^2 + 5\beta^2 - 6\alpha\beta = 0 \\ |\alpha + \beta| = 1 \end{cases} \cdots\cdots ①$$

(1)

① × $\dfrac{1}{\beta^2}$

$\beta \neq 0$

矛盾　($\because$) $\beta = 0$ とおくと $3\alpha^2 = 0$ より $\alpha = 0$
$\therefore |\alpha + \beta| = 0$ となる

Imagination　$\dfrac{\alpha}{\beta}$ についての方程式を作ろう

$$3\left(\dfrac{\alpha}{\beta}\right)^2 + 5 - 6\left(\dfrac{\alpha}{\beta}\right) = 0$$

$$3\left(\dfrac{\alpha}{\beta}\right)^2 - 6\left(\dfrac{\alpha}{\beta}\right) + 5 = 0$$

解の公式より

$$\dfrac{\alpha}{\beta} = \dfrac{3 \pm \sqrt{6}\,i}{3}$$

(2)

$$\arg\dfrac{\beta - \alpha}{\beta} = \arg\left(1 - \dfrac{\alpha}{\beta}\right)$$

(1)を代入　$= \arg\left(1 - \dfrac{3 \pm \sqrt{6}\,i}{3}\right)$

$= \arg\left(\mp \dfrac{\sqrt{6}}{3}i\right) = \pm 90°$

attention　$\mp \dfrac{\sqrt{6}}{3}i$ の position を図示してごらん！

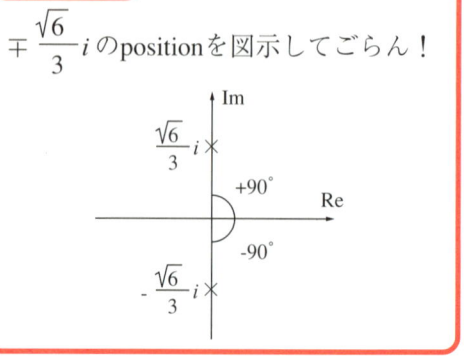

— 168 —

(3)

$$\frac{\alpha}{\beta} = \frac{3 \pm \sqrt{6}i}{3}$$

↓

$$\alpha = \frac{3 \pm \sqrt{6}i}{3}\beta$$

↓

$|\alpha + \beta| = 1$ へ代入

$$\left|\frac{6 \pm \sqrt{6}i}{3}\beta\right| = 1$$

答

$$\sqrt{\frac{36+6}{9}} \cdot |\beta| = 1$$

$$\sqrt{\frac{42}{9}} \cdot |\beta| = 1$$

$$|\beta| = \sqrt{\frac{9}{42}} = \frac{3}{\sqrt{42}}$$

(4)

$\arg \frac{\beta - \alpha}{\beta} = \pm 90°$ より

attention
△Oαβ を具体的に図にしよう

↓

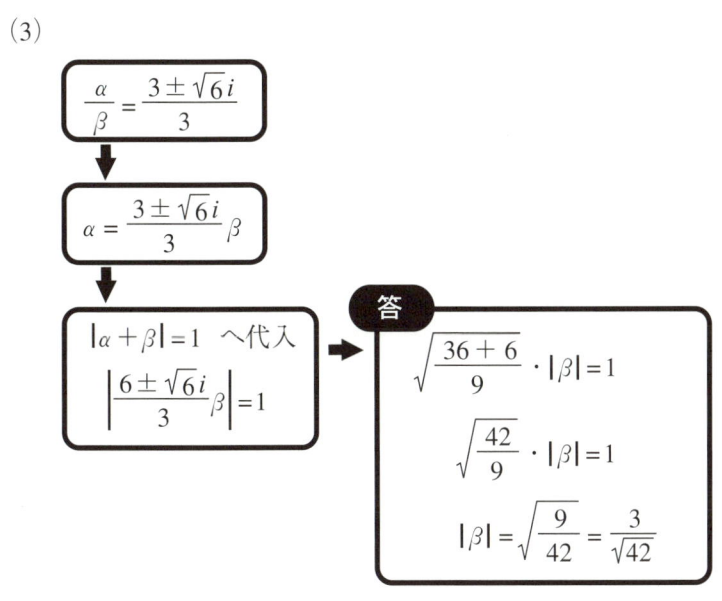

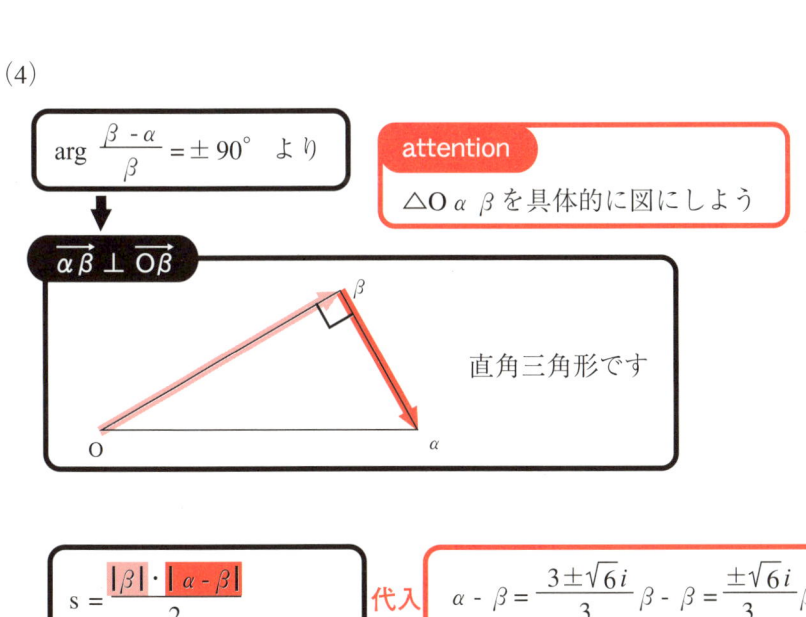

$\vec{\alpha\beta} \perp \vec{O\beta}$

直角三角形です

$$s = \frac{|\beta| \cdot |\alpha - \beta|}{2}$$

← 代入

$$\alpha - \beta = \frac{3 \pm \sqrt{6}i}{3}\beta - \beta = \frac{\pm\sqrt{6}i}{3}\beta$$

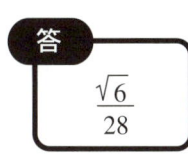

$$\therefore |\alpha - \beta| = \frac{\sqrt{6}}{3}|\beta|$$

$$= \frac{1}{2} \cdot \frac{\sqrt{6}}{2}|\beta|^2$$

$$= \frac{1}{2} \cdot \frac{\sqrt{6}}{3} \cdot \frac{9}{42} = \frac{\sqrt{6}}{28}$$

答

$$\frac{\sqrt{6}}{28}$$

Chapter 3 複素数の世界　　回転移動の方法　section 3-3

2つの異なる定まった複素数 α，β がある．自然数 n と複素数 w が与えられたとき，複素数 z_n を，$\dfrac{z_n - \alpha}{\beta - \alpha} = w^n$ で定める．α，β，z_n の表す複素数平面上の点をそれぞれ A，B，P_n とする．

(1) 3点 A，B，P_1 および A，B，P_2 が面積の等しい三角形をつくるための w の条件を求め，これを複素数平面上に図示せよ．

(2) $\alpha = 0$，$\beta = i$ とし，w が(1)で求めた条件を満たしながら変わるとき，P_2 の描く図形を図示せよ．

（横浜国大・工）

解

考え方

(1)

A(α)，B(β)，$P_n(z_n)$

$P_1(z_1)$ は $\dfrac{z_1 - \alpha}{\beta - \alpha} = w$ を満たす．

$P_2(z_2)$ は $\dfrac{z_2 - \alpha}{\beta - \alpha} = w^2$ を満たす．

$w = r(\cos\theta + i\sin\theta)$ とおく
$w^2 = r^2(\cos 2\theta + i\sin 2\theta)$

$\triangle ABP_1 = \dfrac{1}{2} AB \cdot AP_1 \cdot |\sin\theta|$ ……①

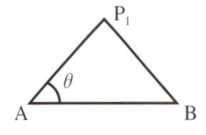

$\triangle ABP_2 = \dfrac{1}{2} AB \cdot AP_2 \cdot |\sin 2\theta|$ ……②

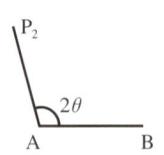

ちょっと一言

$\arg w = \theta$ とおこう．
$\arg w^2 = 2\theta$ となる．
$\arg w^n = n\theta$ となる．

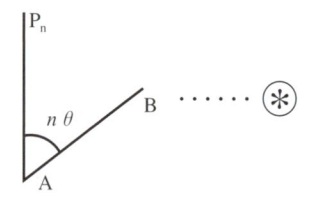

……(※)

①，②が等しいので

$AP_1 \sin\theta = AP_2 \sin 2\theta$

(※) 図を見ると

$AP_1 = |w| \cdot |AB|$
$AP_2 = |w^2| \cdot |AB|$

$|w| \cdot |AB| \cdot |\sin\theta| = |w^2| \cdot |AB| \cdot |\sin 2\theta|$

$|\sin\theta| = |w| \cdot |\sin 2\theta|$

$|\sin\theta| = |w| \cdot |2\sin\theta \cdot \cos\theta|$

$|w|\cos\theta = \pm\dfrac{1}{2}$

$|w| = r$ より

attention

三角形ができなければならないので

$\sin\theta \neq 0$
$r \neq 0$

答

$\therefore \ \boxed{w = \pm\dfrac{1}{2} + ki \ (k \neq 0)}$

答

（図：複素数平面上，$\mathrm{Re.} = \pm\dfrac{1}{2}$ の2本の直線，原点を除く）

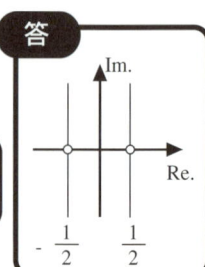

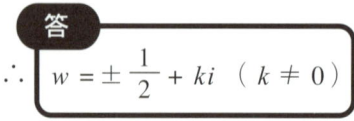

(2)

$\alpha = 0$
$\beta = i$

↓

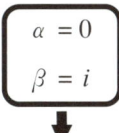

$P_2(z_2)$ についての条件で
$$\frac{z_2 - 0}{i - 0} = w^2$$

↓

$z_2 = i w^2$
$= i \left(\pm \frac{1}{2} + ki \right)^2$
$= i \left(\frac{1}{4} \pm ki - k^2 \right)$
$= \mp k + \left(\frac{1}{4} - k^2 \right) i$

↓

z_2 の実部　$\mathrm{R}_e z_2 = \pm k$
z_2 の虚部　$\mathrm{I}_m z_2 = \frac{1}{4} - k^2$　（$k \neq 0$）

↓

$P_2(x, y)$ とおくと
$x = \pm k$
$y = \frac{1}{4} - k^2$

↓ k を消去すると

$y = \frac{1}{4} - x^2$　（$x \neq 0$）

答

図形を考えなければならないので，xy は平面にしよう．

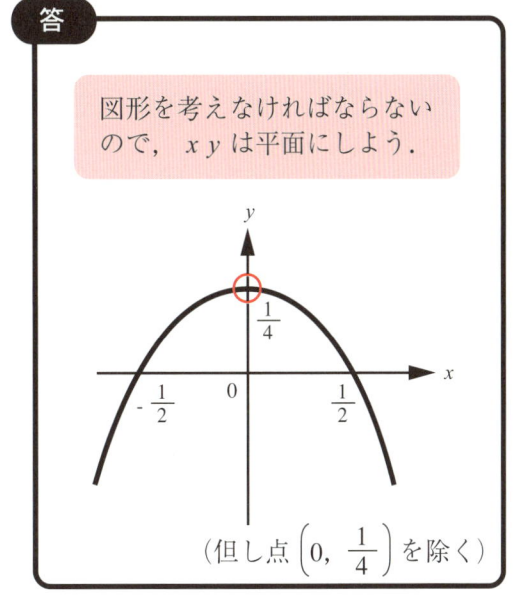

（但し点 $\left(0, \frac{1}{4}\right)$ を除く）

Chapter 3 複素数の世界 　　　　　　　　回転移動の方法　section 3-3

複素数平面上で

$$z_0 = 2(\cos\theta + i\sin\theta) \qquad (0° < \theta < 90°)$$

$$z_1 = \frac{1-\sqrt{3}i}{4}z_0, \quad z_2 = -\frac{1}{z_0}$$

を表す点をそれぞれ P_0, P_1, P_2 とする．
(1) z_1 を極形式で表せ．
(2) z_2 を極形式で表せ．
(3) 原点O, P_0, P_1, P_2 の4点が同一円周上にあるときの z_0 の値を求めよ．

（岡山大・理系）

解

考え方

(1)

$$z_1 = \frac{1-\sqrt{3}i}{4}z_0$$

$$= \frac{1}{4}\cdot 2\{\cos(-60°) + \sin(-60°)\}\cdot 2(\cos\theta + i\sin\theta)$$

$$= \cos(\theta - 60°) + i\sin(\theta - 60°)$$

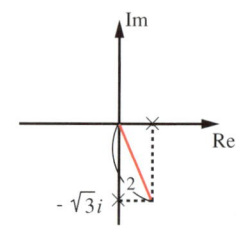

(2)

$$z_2 = -\frac{1}{z_0} = \frac{\cos 180° + i\sin 180°}{2(\cos\theta + i\sin\theta)}$$

$$= \frac{1}{2}\{\cos(180° - \theta) + i\sin(180° - \theta)\}$$

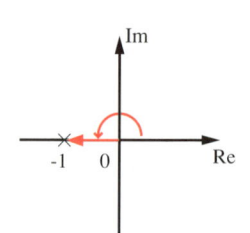

(3)

$$z_1 = \frac{1-\sqrt{3}i}{4}z_0$$

↓

$$\frac{z_1}{z_0} = \frac{1-\sqrt{3}i}{4}$$

↓

$$\arg\frac{z_1}{z_0} = -60°$$

↓

— 172 —

$|z_0| = 2$

$|z_1| = 1$

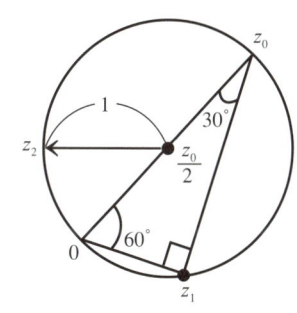

$\arg \dfrac{z_1}{z_0} = -60°$

図より

中心 $\dfrac{z_0}{2}$

半径 1

の円周となる.

この円周上に z_2 があるので

$\left| z_2 - \dfrac{z_0}{2} \right| = 1$

$\left| \dfrac{1}{2} \{\cos(180°-\theta) + i\sin(180°-\theta)\} - (\cos\theta + i\sin\theta) \right| = 1$

これを整理すると

$\dfrac{9}{4}\cos^2\theta + \dfrac{1}{4}\sin^2\theta = 1$

$0° < \theta < 90°$ より

$\sin\theta = \dfrac{\sqrt{5}}{2\sqrt{2}}, \quad \cos\theta = \dfrac{\sqrt{3}}{2\sqrt{2}}$

答

$z_0 = \dfrac{\sqrt{3}}{2\sqrt{2}} + \dfrac{\sqrt{5}}{2\sqrt{2}}i$

Chapter 3 複素数の世界 回転移動の方法 section 3-3

次の ▭ にあてはまる数はなにか.

複素平面上で，複素数 α は二点 $1+i$ と $1-i$ とを結ぶ線分上を動き，複素数 β は原点を中心とする半径1の円周上を動くものとする.

(1) $\alpha+\beta$ が複素数平面上を動く範囲の面積は ▭ + ▭ π である.

(2) $\alpha\beta$ が複素数平面上を動く範囲の面積は ▭ π である.

(3) α^2 が複素数平面上で描く曲線と虚軸とで囲まれた範囲の面積は ▭ である.

(東京大)

解

考え方

(1) $\quad \alpha = t(1+i) + (1-t)(1-i) \quad (0 \leq t \leq 1) \quad \left(\begin{array}{l}\text{または}\\ \alpha = 1+ti\end{array}\right)$

$|\beta| = 1$

Imagination

$\alpha+\beta$ $\begin{cases} \cdot \alpha \text{を一定とする} \\ \cdot \beta \text{が動く} \end{cases}$ $\underline{\beta \text{を} \alpha \text{だけ移動させる}}$

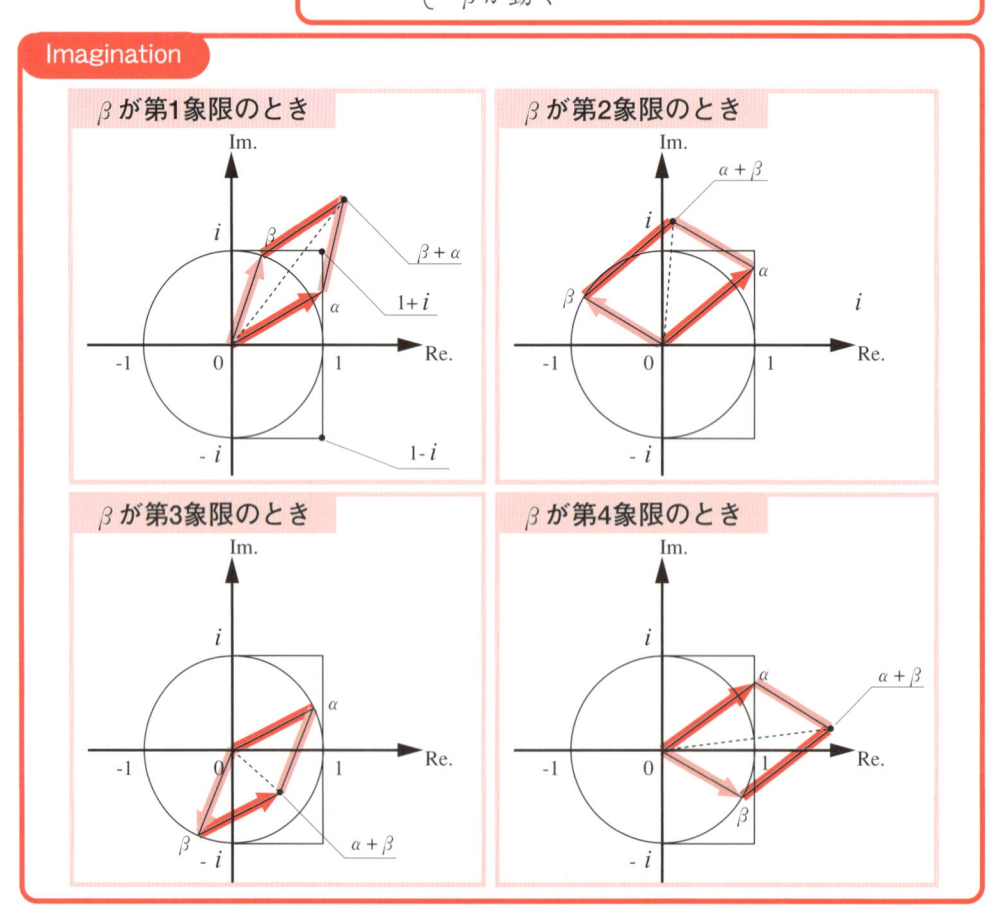

Imagination

β が第1象限のとき / β が第2象限のとき / β が第3象限のとき / β が第4象限のとき

Chapter 3 複素数の世界　　　回転移動の方法　section 3-3

答

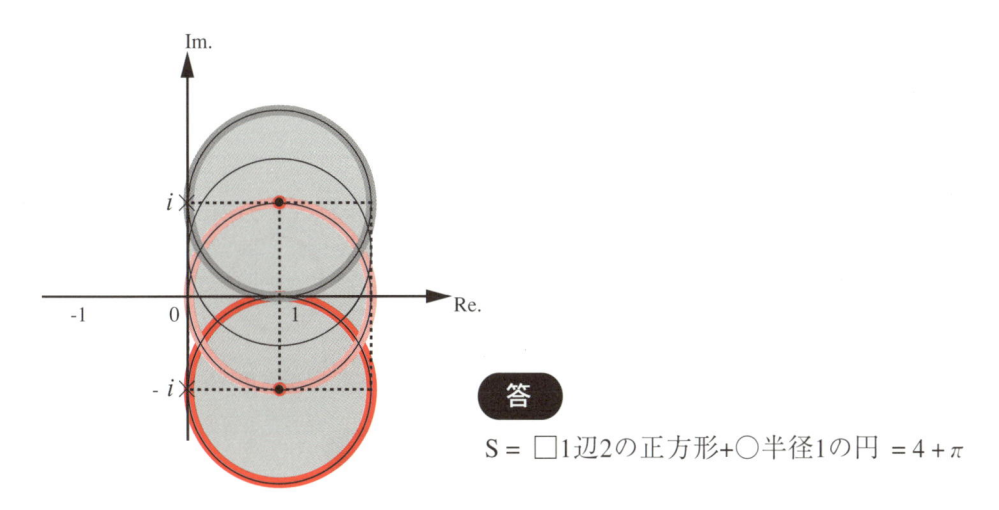

$S = \square$ 1辺2の正方形 $+ \bigcirc$ 半径1の円 $= 4 + \pi$

(2) $\alpha\beta$ ……

> **Imagination**
>
> $|\alpha\beta| = |\alpha| \cdot |\beta| = |\alpha|$　　　　$\arg(\alpha\beta) = \arg\alpha + \arg\beta$
>
> β を固定すると α を0を中心として $\underline{\arg\beta}$ 回転させること

よって

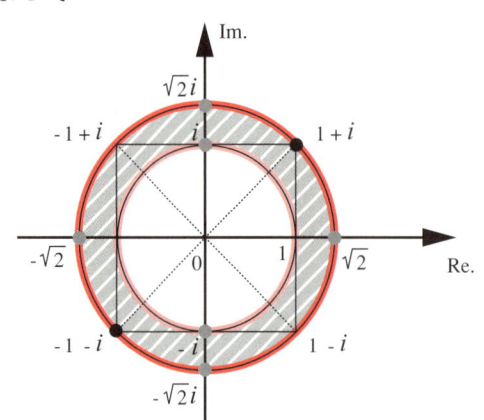

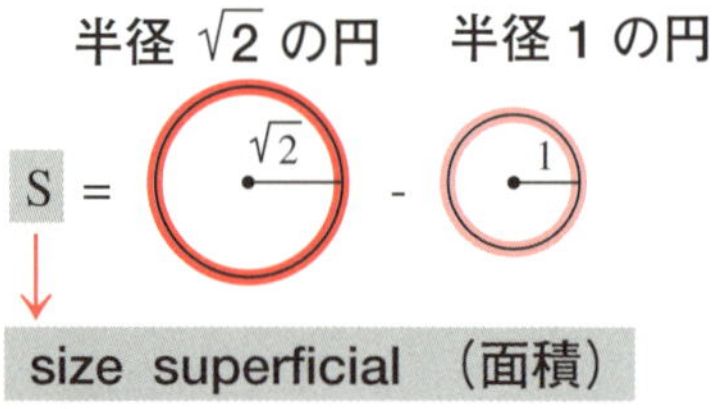

半径 $\sqrt{2}$ の円　半径 1 の円

S = ⭕ − ⭕

size superficial （面積）

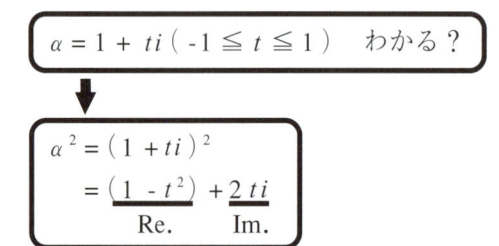

答
$= 2\pi - \pi = \pi$

(3)

$\alpha = 1 + ti \ (-1 \leq t \leq 1)$ わかる？

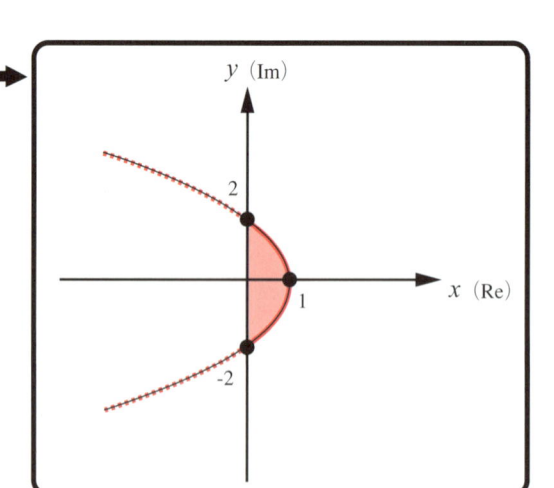

ちょっと確認！
Re. …… 実部 （real part）
Im. …… 虚部 （imaginary part）

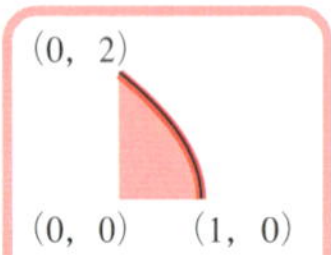

$\alpha^2 = (1+ti)^2$
$= \underbrace{(1-t^2)}_{\text{Re.}} + \underbrace{2ti}_{\text{Im.}}$

Re. …… $x = 1 - t^2$
Im. …… $y = 2t$ とおく

$\begin{pmatrix} -1 \leq t \leq 1 \ \text{より} \\ x \geq 0 \\ -2 \leq y \leq 2 \end{pmatrix}$

t の消去

$x = 1 - \left(\dfrac{y}{2}\right)^2$

$(-2 \leq y \leq 2,\ 0 \leq x)$

(0, 2)
(0, 0)　(1, 0)

答

$S = 2 \cdot \displaystyle\int_0^2 \left(1 - \dfrac{y^2}{4}\right) dy = 2\left(y - \dfrac{1}{12}y^3\right)_0^2 = 2 \cdot \left(2 - \dfrac{8}{12}\right) = \dfrac{8}{3}$

Chapter 3 複素数の世界　　回転移動の方法　section 3-3

1の5乗根を z_0, z_1, z_2, z_3, z_4 とする．
ただし，$0° \leqq \arg z_0 \leqq \arg z_1 < \arg z_2 < \arg z_3 < \arg z_4 < 360°$
(1) $z_0\ z_1, z_2, z_3, z_4$ の偏角は $\boxed{}°\times k, k=0, 1, 2, 3, 4$ と表せる．
(2) $f(z)=(z-z_0)(z-z_1)(z-z_2)(z-z_3)(z-z_4)$ とする．$f(2)$ の値は $\boxed{}$．
(3) $g(z)=(z-z_k)(z-z_k^2)(z-z_k^3)(z-z_k^4)$ とする．$z_k \neq z_0$ のとき，$g(2)$ の値は $\boxed{}$．
(4) $z_k \neq z_0$ のとき，$\dfrac{1}{2-z_k}+\dfrac{1}{2-z_k^2}+\dfrac{1}{2-z_k^3}+\dfrac{1}{2-z_k^4}$ の値は $\boxed{}$．

（日大・生物資源）

解

考え方

$z_0\ z_1\ z_2\ z_3\ z_4$ を図示してみよう

そのためには角度を考えなければならない．
$360° \div 5 = 72°$

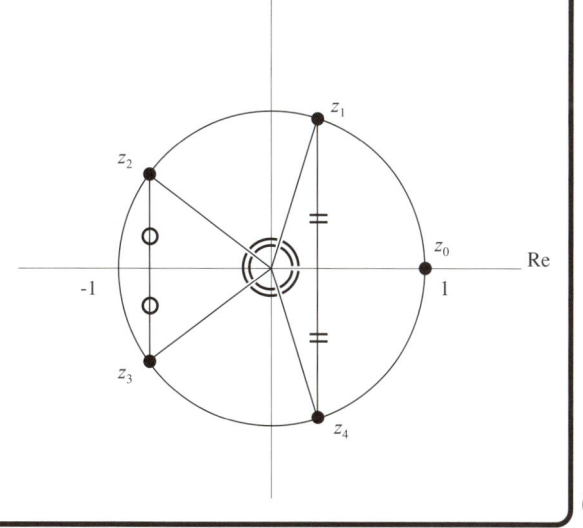

図からわかること　$\overline{z_1}=z_4$　$\overline{z_2}=z_3$

attention 常に角度を意識していよう

attention positionの意識も忘れないでね！

(1) 図より

$$\theta° = 72° \times k \quad (k = 0, 1, 2, 3, 4)$$

(2)

わかっていること
- $z_0^5 = 1$
- $z_1^5 = 1$
- $z_2^5 = 1$
- $z_3^5 = 1$
- $z_4^5 = 1$

$z_k^5 - 1 = 0$
$(k = 0, 1, 2, 3, 4)$

attention 利用するのは $z^5 = 1$

$f(z) = (z - z_0)(z - z_1)(z - z_2)(z - z_3)(z - z_4)$
について考えてみよう

$f(z_0) = 0$
$f(z_1) = 0$
$f(z_2) = 0$
$f(z_3) = 0$
$f(z_4) = 0$

$f(z)$：5次式だね．

↓

この形より5次方程式
$f(z) = 0$ の解が
z_0, z_1, z_2, z_3, z_4 です．

↓

$f(z) = z^5 - 1$ とわかる．

z^5の係数が同一であることに注意！

$f(2) = 2^5 - 1 = 32 - 1 = 31$

(3)

$$g(z) = (z - z_k)(z - z_k^2)(z - z_k^3)(z - z_k^4)$$

$k = 0, 1, 2, 3, 4$ を代入して具体的に考えてみよう．(条件より $k \neq 0$)

attention 常に具体化をして考える習慣をつけよう

$k = 1$ としてみよう

$$g(z) = (z - z_1)(z - z_1^2)(z - z_1^3)(z - z_1^4)$$

※の図をよく見てごらん！

$z_1^2 = z_2 \quad z_1^3 = z_3 \quad z_1^4 = z_4$
となるよ．わかるかな？

$g(z) = (z - z_1)(z - z_2)(z - z_3)(z - z_4)$
となるよね！

ここで
$f(z) = (z - z_0)(z - z_1)(z - z_2)(z - z_3)(z - z_4)$
を思い出そう．

$g(z) = \dfrac{f(z)}{z - z_0}$ となる．（$z_0 = 1$ のことだね）

$g(2) = \dfrac{f(2)}{2 - z_0} = 31$

Chapter 3 複素数の世界　　　回転移動の方法　section 3-3

$k=2$ としてみよう

$g(z) = (z - z_2)(z - z_2^2)(z - z_2^3)(z - z_2^4)$

図をよく見ると

$z_2^2 = z_4 \quad z_2^3 = z_1 \quad z_2^4 = z_3$
わかる？

↓

$g(z) = (z - z_2)(z - z_4)(z - z_1)(z - z_3)$
となる！

↓

$g(z) = \dfrac{f(z)}{z - z_0}$ となる．

↓

$g(2) = \dfrac{f(2)}{2 - z_0} = 31$

以上からわかることは

$$g(z) = (z - z_1)(z - z_2)(z - z_3)(z - z_4) = \dfrac{f(z)}{z - z_0}$$

$$g(2) = \dfrac{f(2)}{z - z_0} = 31$$

Chapter 3 複素数の世界　　　　　　　　　　　　　回転移動の方法　section 3-3

(4)

$$\frac{1}{2-z_k} + \frac{1}{2-z_k^2} + \frac{1}{2-z_k^3} + \frac{1}{2-z_k^4}$$

> $z_k,\ z_k^2,\ z_k^3,\ z_k^4$ は必ず $z_1,\ z_2,\ z_3,\ z_4$ の4つになる（順不同）

$$= \frac{1}{2-z_1} + \frac{1}{2-z_2} + \frac{1}{2-z_3} + \frac{1}{2-z_4}$$

$$= \frac{(2-z_2)(2-z_3)(2-z_4) + (2-z_1)(2-z_3)(2-z_4) + (2-z_1)(2-z_2)(2-z_3) + (2-z_1)(2-z_2)(2-z_3)}{(2-z_1)(2-z_2)(2-z_3)(2-z_4)}$$

この式において，分母，分子について調べてみよう．

> この分母はどこかで見たことがないかな？
> そう（3）における $g(2)$ だね

Imagination
ということは $g(z)$ をうまく使うとイメージしよう

ところで

$$g(z) = (z-z_1)(z-z_2)(z-z_3)(z-z_4) = \frac{f(z)}{z-z_0}$$
より
$g(z) = z^4 + z^3 + z^2 + z + 1$ と具体的にわかるよね．

すると分母は $g(2) = 2^4 + 2^3 + 2^2 + 2 + 1 = 31$ とわかる

> **Imagination**
>
> ということは分子も $g(z)$ をうまく使えないかな

$g(z) = (z - z_1)(z - z_2)(z - z_3)(z - z_4)$ より

$g'(z) = (z - z_2)(z - z_3)(z - z_4) + (z - z_1)(z - z_3)(z - z_4)$
$\qquad + (z - z_1)(z - z_2)(z - z_3) + (z - z_1)(z - z_2)(z - z_4)$

なので分子 $= g'(2)$ とわかる.

ところで $g(z)$ は具体的には

$\qquad g(z) = z^4 + z^3 + z^2 + z + 1$ なので

$\qquad g'(z) = 4z^3 + 3z^2 + 2z + 1$

よって分子は $g'(2) = 4 \cdot 2^3 + 3 \cdot 2^2 + 2 \cdot 2 + 1 = 49$

以上より (4) の与式 $= \dfrac{g'(2)}{g(2)} = \dfrac{49}{31}$

> **この問題についての感想**
>
> 数学ではただ何の意識もせずに式を追うのではなく，imaginationがいかに大切かだと思う．
> ==似た形がどこかにあったかな？==
> と探る感覚が大事だと，私は思う．

Chapter 3 複素数の世界　　回転移動の方法　section 3-3

> (1) 次の □ にあてはまる数はなにか．
> 複素平面上で複素数 $z_1 = \dfrac{\sqrt{3}+i}{2}$，$z_2 = \dfrac{1+\sqrt{3}}{2}(1+i)$，$z_3 = \dfrac{1+\sqrt{3}i}{2}$ によって表される点をそれぞれ P_1, P_2, P_3 とする．また $\alpha = \dfrac{2+2\sqrt{3}i}{3}$ として，複素数 αz_1, αz_2, αz_3 によって表される点をそれぞれ Q_1, Q_2, Q_3 とする．
> このとき $\angle P_1 P_2 P_3 = \boxed{} \pi$，$\triangle P_1 P_2 P_3$ の面積 $= \boxed{}$
> 　　$\triangle Q_1 Q_2 Q_3$ の面積 $= \boxed{}$ である．
> また原点を O とすると，有向線分 $\overrightarrow{OQ_2}$ と実軸の正方向との間の角は $\boxed{} \pi$ である．ただし角はいずれも 0 以上かつ π 以下の値となるようにせよ．
> 　　　　　　　　　　　　　　　　　　　　　　　　　　　（東京大）

解

考え方

(1)

$$z_1 = \dfrac{\sqrt{3}+i}{2} = \cos\dfrac{\pi}{6} + i\sin\dfrac{\pi}{6}$$

$$z_2 = \dfrac{1+\sqrt{3}}{2}(1+i) = \dfrac{1+\sqrt{3}}{2}\sqrt{2}\left(\cos\dfrac{\pi}{4} + i\sin\dfrac{\pi}{4}\right) = \dfrac{\sqrt{2}+\sqrt{6}}{2}\left(\cos\dfrac{\pi}{4} + i\sin\dfrac{\pi}{4}\right)$$

$$z_3 = \dfrac{1+\sqrt{3}i}{2} = \cos\dfrac{\pi}{3} + i\sin\dfrac{\pi}{3}$$

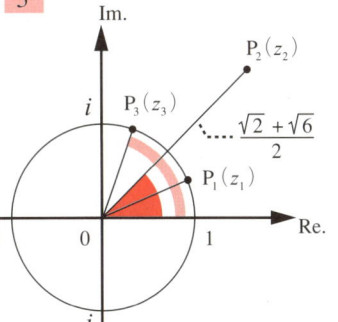

ちょっと一言
常に3点の **position** を頭に入れておこう．（絶対値・偏角の比較）

attention
角度の単位
・180° は π ラジアンで表現．
$\dfrac{\pi}{6}$ …… 30°
$\dfrac{\pi}{4}$ …… 45°
$\dfrac{\pi}{3}$ …… 60°

$$\alpha = \dfrac{2+2\sqrt{3}i}{3} = \dfrac{4}{3}\left(\cos\dfrac{\pi}{3} + i\sin\dfrac{\pi}{3}\right) \text{ より}$$

$$\alpha z_1 = \dfrac{4}{3}\left\{\cos\left(\dfrac{\pi}{6}+\dfrac{\pi}{3}\right) + i\sin\left(\dfrac{\pi}{6}+\dfrac{\pi}{3}\right)\right\} = \dfrac{4}{3}\left(\cos\dfrac{\pi}{2} + i\sin\dfrac{\pi}{2}\right)$$

$$\alpha z_2 = \dfrac{2(\sqrt{2}+\sqrt{6})}{3}\left(\cos\dfrac{7}{12}\pi + i\sin\dfrac{7}{12}\pi\right)$$

$$\alpha z_3 = \dfrac{4}{3}\left(\cos\dfrac{2}{3}\pi + i\sin\dfrac{2}{3}\pi\right)$$

— 183 —

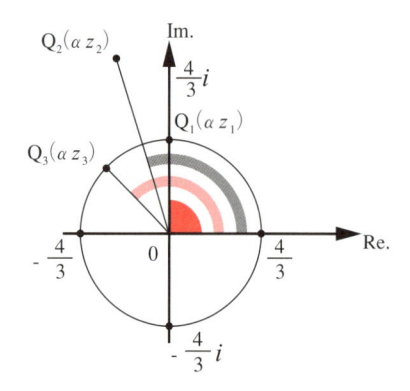

∠$P_1P_2P_3$ について考えよう

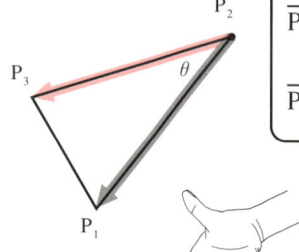

$\overrightarrow{P_2P_1}$ ······ $z_1 - z_2 = -\dfrac{1}{2} - \dfrac{\sqrt{3}}{2}i = \cos\dfrac{4}{3}\pi + i\sin\dfrac{4}{3}\pi$

$\overrightarrow{P_2P_3}$ ······ $z_3 - z_2 = -\dfrac{\sqrt{3}}{2} - \dfrac{1}{2}i = \cos\dfrac{7}{6}\pi + i\sin\dfrac{7}{6}\pi$

図より

$\angle P_1P_2P_3 = \arg\dfrac{z_1 - z_2}{z_3 - z_2} = \dfrac{4}{3}\pi - \dfrac{7}{6}\pi = \dfrac{\pi}{6}$ 答

△$P_1P_2P_3$ の面積

$\begin{aligned}
S &= \dfrac{1}{2} \cdot P_1P_2 \cdot P_2P_3 \cdot \sin\theta \\
&= \dfrac{1}{2} \cdot |z_1 - z_2| \cdot |z_3 - z_2| \cdot \sin\dfrac{\pi}{6} \\
&= \dfrac{1}{2} \cdot 1 \cdot 1 \cdot \sin\dfrac{\pi}{6} \\
&= \dfrac{1}{4}
\end{aligned}$ 答

英語の確認

面積のことを size, superficial という
記号は頭文字をとる事が多いよ！

△$P_1P_2P_3 \varpropto$ △$Q_1Q_2Q_3$ （理由：0の周りに各々同じ角度だけ回転している）

$\left(\dfrac{\pi}{3}\right)$

相似比を考えてみよう．

P_1P_2 と Q_1Q_2 の線分の長さで考えてみることにする（別の辺でもいいよ）

$\overrightarrow{Q_2Q_1}$ ‥‥‥ $\alpha z_1 - \alpha z_2 = \alpha(z_1 - z_2)$

$= \dfrac{4}{3}\left(\cos\dfrac{\pi}{3} + i\sin\dfrac{\pi}{3}\right)\left(\cos\dfrac{4}{3}\pi + i\sin\dfrac{4}{3}\pi\right)$

$= \dfrac{4}{3}\left(\cos\left(\dfrac{5\pi}{3}\right) + i\sin\left(\dfrac{5}{3}\pi\right)\right)$

よって

$|\overrightarrow{Q_2Q_1}| = \dfrac{4}{3}$

$|\overrightarrow{P_2P_1}| = 1$

より相似比は $\dfrac{4}{3}$

相似な図形について面積比 = (相似比)^2

$\triangle Q_1Q_2Q_3 = \left(\dfrac{4}{3}\right)^2 \cdot \triangle P_1P_2P_3 = \dfrac{16}{9} \cdot \dfrac{1}{4} = \dfrac{4}{9}$ 答

Q_2 は $\alpha z_2 = \dfrac{2(\sqrt{2}-\sqrt{6})}{3}\left(\cos\dfrac{7}{12}\pi + i\sin\dfrac{7}{12}\pi\right)$ より

$\overrightarrow{OQ_2}$ と実軸の正の方向とのなす角度は $\dfrac{7}{12}\pi$ 答

Chapter 4

Learn complex numbers by English!

Chapter 4 Learn complex numbers

4-1 Polar form of a complex number

A Point P in the plane with cartesian coordinates (x, y) can be represented in terms of polar coordinates $[\gamma, \theta]$ and the equations relating cartesian and polar coordinates are:

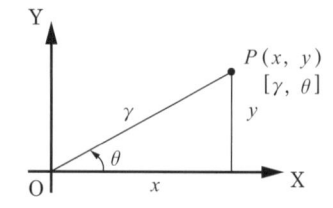

(a) $x = \gamma \cos \theta$ (b) $y = \gamma \sin \theta$

(c) $\gamma^2 = x^2 + y^2$, where here define

$\gamma = \sqrt{x^2 + y^2}$, $\gamma \geq 0$.

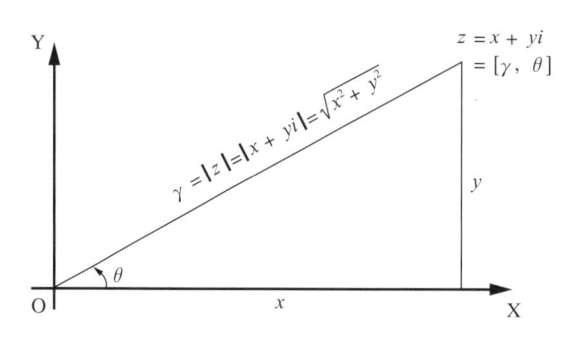

Similarly, the complex number: $z = x + yi$ can be expressed in polar form thus:

$$z = \gamma (\cos \theta + i\sin \theta)$$
$$= \gamma \operatorname{cis} \theta \tag{1}$$

where cis θ is a common abbreration for $\cos \theta + i \sin \theta$.

We define the modulus of $z : \gamma$ the *absolute value* of z as the distance from the origin to the point z representing the complex number z. We can express the modulus of z in several ways:

$$\operatorname{mod} z = |z| = |x + yi| = \sqrt{x^2 + y^2} = \gamma \tag{2}$$

The polar angle θ is called an *argument* of z or *phase* of z or *amplitude* of z or just simply angle of z and is written thus:

$$\arg z = \theta \pm 2n\pi$$
$$\text{or}$$
$$\text{ph } z = \theta \pm 2n\pi \qquad (3)$$

where n is a positive integer.

Observe that any non-zero complex number has many arguments since any integral multiple of 2π can be added to θ, but the principal value of an argument of z, denoted by Arg z, is usually defined to be the angle θ where $-\pi < \theta \leq \pi$.

$$\text{Arg } z = \theta, \quad \text{where } -\pi < \theta \leq \pi$$

$z = \gamma(\cos\theta + i\sin\theta)$ is called the *modulus-argument* form or the *polar form* of a complex number while $z = x + yi$ is called *the cartesian form*.

EXAMPLE

Express (a) $z = -1 - i$ (b) $z = 4 + 3i$ in modulus-argument form.

(a) $\gamma = \sqrt{x^2 + y^2} = \sqrt{1 + 1} = \sqrt{2}$

and since $-1 - i$ is in the third quadrant considered in an anticlockwise direction or in the second quadrant considered in a clockwise direction, then

$\sin\theta = -\dfrac{1}{\sqrt{2}}$ and $\cos\theta = -\dfrac{1}{\sqrt{2}}$

Hance $\theta = -\dfrac{3\pi}{4}$ for $-\pi < \theta \leq \pi$

Thus $-1 - i = \sqrt{2}\left(\cos -\dfrac{3\pi}{4} + i\sin -\dfrac{3\pi}{4}\right)$

$\qquad = \sqrt{2} \text{ cis } -\dfrac{3\pi}{4}$

$|z| = \sqrt{2}$ and arg $z = -\dfrac{3\pi}{4} \pm 2n\pi$, $n \in j$

Arg $z = -\dfrac{3\pi}{4}$

(b) $\gamma = \sqrt{x^2 + y^2}$

$\qquad = \sqrt{16 + 9}$

$\qquad = 5$

Since $4 + 3i$ is in the first quadrant,

$\tan\theta = \dfrac{3}{4}$ and so $\theta = 36°\ 52'$.

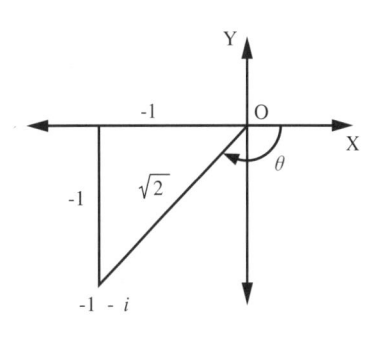

Thus $4 + 3i = 5 \text{ (cis } 36° \ 52')$

$\qquad = 5 \text{ cis } 36° \ 52'$.

$\quad |z| = 5$ and $\arg z = 36° \ 52' \pm n \cdot 360°$, $n \in j$

$\text{Arg } z = 36° \ 52'$

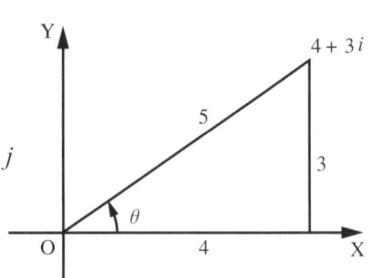

EXAMPLE

Express $z = 2 \left(\cos -\dfrac{2}{3}\pi + i \sin -\dfrac{2}{3}\pi \right)$

$\quad \gamma = 2$, $\theta = \dfrac{2\pi}{3}$ and the point z is in the second quadrant.

$\quad x = \gamma \cos \theta$

$\qquad = 2 \cos \dfrac{2\pi}{3}$

$\qquad = -1$

and $y = \gamma \sin \theta$

$\qquad = 2 \sin \dfrac{2\pi}{3}$

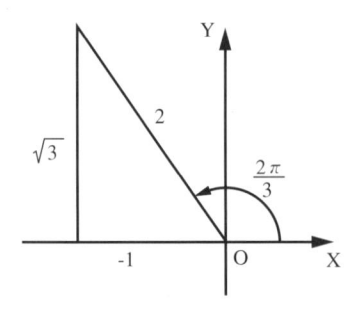

$\qquad = \sqrt{3}$

Hence, the cartesian form is $z = -1 + \sqrt{3}\,i$

4-2 Multiplication in modulus-argument form

By expressing complex numbers in modulus-argument form, we can obtain a simple expression for the product of complex numbers.

Let $z_1 = \gamma_1 \operatorname{cis} \theta_1$ and $z_2 = \gamma_2 \operatorname{cis} \theta_2$.

Their product is given by

$$z_1 z_2 = \gamma_1 \operatorname{cis} \theta_1 \cdot \gamma_2 \operatorname{cis} \theta_2$$
$$= \gamma_1 \gamma_2 (\cos \theta_1 + i \sin \theta_1)(\cos \theta_2 + i \sin \theta_2)$$
$$= \gamma_1 \gamma_2 [(\cos \theta_1 \cos \theta_2 - \sin \theta_1 \sin \theta_2) + i(\sin \theta_1 \cos \theta_2 + \cos \theta_1 \sin \theta_2)]$$
$$= \gamma_1 \gamma_2 [\cos(\theta_1 + \theta_2) + i \sin(\theta_1 + \theta_2)]$$
$$= \gamma_1 \gamma_2 \operatorname{cis}(\theta_1 + \theta_2)$$

$$\boxed{z_1 z_2 = \gamma_1 \gamma_2 \operatorname{cis}(\theta_1 + \theta_2)} \qquad (4)$$

Hence $\quad |z_1 z_2| = \gamma_1 \gamma_2 = |z_1| \cdot |z_2|$

and $\quad \arg(z_1 z_2) = \arg z_1 + \arg z_2$

EXAMPLE

Let $z_1 = 2 + 2\sqrt{3}\, i = 4 \operatorname{cis} \dfrac{\pi}{3}$ and $z_2 = -\sqrt{3} + i = 2 \operatorname{cis} \dfrac{5\pi}{6}$

$$z_1 z_2 = 4 \operatorname{cis} \dfrac{\pi}{3} \cdot 2 \operatorname{cis} \dfrac{5\pi}{6} = 8 \operatorname{cis} \dfrac{7\pi}{6} = 8 \left(\cos \dfrac{7\pi}{6} + i \sin \dfrac{7\pi}{6} \right)$$

$$= -4\sqrt{3} - 4i$$

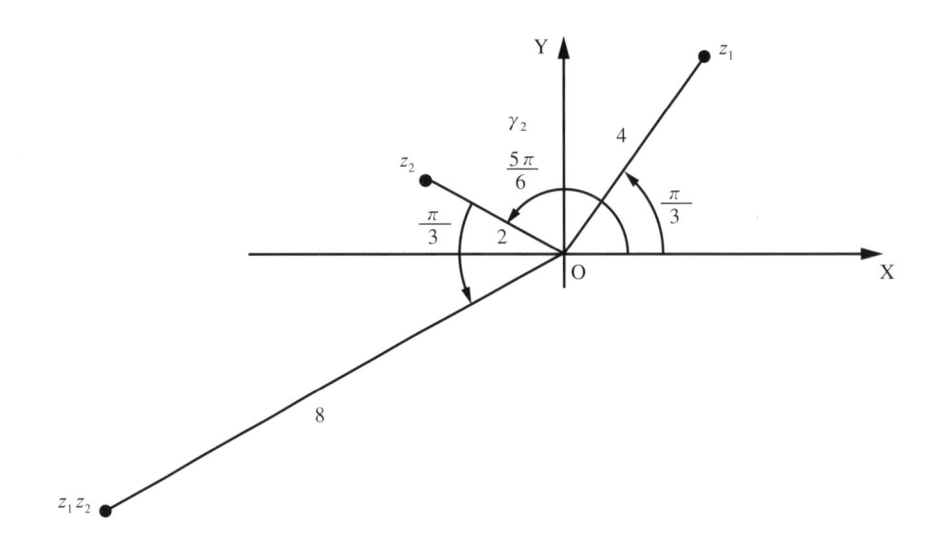

Chapter 4

4-3 Division in modulus-argument form

Let $z_1 = \gamma_1 \text{ cis } \theta_1$ and $z_2 = \gamma_2 \text{ cis } \theta_2$ and z_2 is a non-zero complex number.

$$\frac{z_1}{z_2} = \frac{\gamma_1 \text{ cis } \theta_1}{\gamma_2 \text{ cis } \theta_2}$$

$$= \frac{\gamma_1 \text{ cis } \theta_1}{\gamma_2 \text{ cis } \theta_2} \times \frac{\gamma_2 \text{ cis } (-\theta_2)}{\gamma_2 \text{ cis } (-\theta_2)}$$

$$= \frac{\gamma_1 \gamma_2 \text{ cis } (\theta_1 - \theta_2)}{\gamma_2^2 \text{ cis } 0}$$

But $\quad \text{cis} 0 = + 1 \sin 0 = 1$

Hence
$$\boxed{\frac{z_1}{z_2} = \frac{\gamma_1}{\gamma_2} \text{ cis } (\theta_1 - \theta_2)} \tag{5}$$

$$= \frac{\gamma_1}{\gamma_2} [\cos (\theta_1 - \theta_2) + i \sin (\theta_1 - \theta_2)]$$

Hence
$$\left| \frac{z_1}{z_2} \right| = \frac{\gamma_1}{\gamma_2} = \frac{|z_1|}{|z_2|}$$

and
$$\arg \left(\frac{z_1}{z_2} \right) = \theta_1 - \theta_2 = \arg z_1 - \arg z_2$$

EXAMPLE

If $\quad z_1 = -\sqrt{3} + i$ and $z_2 = 2\sqrt{3} + 2i$

then $\quad z_1 = 2 \text{ cis } \dfrac{5\pi}{6}$ and $z_2 = 4 \text{ cis } \dfrac{\pi}{6}$

$$\frac{z_1}{z_2} = \frac{2 \text{ cis } \dfrac{5\pi}{6}}{4 \text{ cis } \dfrac{\pi}{6}} = \frac{1}{2} \text{ cis } \frac{2\pi}{3} = \frac{1}{2} \left(\cos \frac{2\pi}{3} + i \sin \frac{2\pi}{3} \right) = -\frac{1}{4} + \frac{\sqrt{3}i}{4}$$

4-4 De Moivre's theorem

We have seen from (4) that if $z_1 = \gamma_1 \text{ cis } \theta_1$ and $z_2 = \gamma_2 \text{ cis } \theta_2$, then
$$z_1 z_2 = \gamma_1 \gamma_2 \text{ cis } (\theta_1 + \theta_2)$$

In particular, if
$$z_1 = z_2 = z = \gamma \text{ cis } \theta$$

then
$$z^2 = \gamma^2 \text{ cis } 2\theta$$

Similarly,
$$z^3 = z^2 \cdot z$$
$$= \gamma^2 \text{ cis } 2\theta \cdot \gamma \text{ cis } \theta$$
$$= \gamma^3 \text{ cis } 3\theta$$

In general, if $n \in j$,

then
$$\boxed{\begin{aligned}z^n &= \gamma^n \text{ cis } n\theta \\ &= \gamma^n (\cos n\theta + i \sin n\theta)\end{aligned}} \qquad (6)$$

This is known as De Moivre's theorem.

Proof for $n \in j^+$

Suppose the theorem is true for $n = k$, i.e. $z^k = \gamma^k \text{ cis } k\theta$.

Multiply both sides by $z = \gamma \text{ cis } \theta$.

then
$$z^{k+1} = \gamma^k \text{ cis } (k\theta) \cdot \gamma \text{ cis } \theta$$
$$= \gamma^{k+1} \text{ cis } (k+1)\theta$$

Hence, if the theorem is true for $n = k$, then it is also true for $n = k + 1$.
But it is true for $n = 1$, since $z = \gamma \text{ cis } \theta$.
So it is true for $n = 1 + 1 = 2$ and so for $n = 2 + 1 = 3$ and so on. Hence it is true for all $n \in j^+$.

Furthermore, if $z \neq 0$,
$$\frac{1}{z} = \frac{1}{\gamma \text{ cis } \theta} = \frac{1}{\gamma \text{ cis } \theta} \times \frac{\text{cis}(-\theta)}{\text{cis}(-\theta)} = \frac{\text{cis}(-\theta)}{\gamma \text{ cis } 0} = \frac{1}{\gamma} \text{cis}(-\theta)$$

$$z^{-n} = \left(\frac{1}{z}\right)^n = \left[\frac{1}{\gamma} \text{cis}(-\theta)\right]^n = \frac{1}{\gamma^n} \text{cis}(-n\theta)$$

$$= \gamma^{-n} [\cos(-n\theta) + i\sin(-n\theta)]$$

This is De Moivre's theorem for negative integers.

4-5 Roots of complex numbers

Do Moivre's theorem provided an easy means of finding z^n, given z.

if $\qquad z = \gamma(\cos\theta + i\sin\theta) = \gamma\operatorname{cis}\theta$

then $\qquad z^n = \gamma^n(\cos n\theta + i\sin n\theta) = \gamma^n\operatorname{cis} n\theta.$

We are now faced with the reverse problem, namely, given z^n, find z, the nth root of z^n. Actually, we will see from a few worked examples that are n such roots.

EXAMPLE

Solve the equation: $\quad z^3 = 1$ where $z = x + yi$.

Let $\qquad z = \gamma(\cos\theta + i\sin\theta) = \gamma\operatorname{cis}\theta$

and $\qquad 1 = 1 + 0i = 1(\cos\theta + i\sin\theta) = 1\operatorname{cis} 0$

By De Moivre's theorem, the equation

$$z^3 = 1 \text{ becomes}$$

$$\gamma^3 \operatorname{cis} 3\theta = 1\operatorname{cis} 0$$

It follows that

$$\gamma^3 = 1, \text{ i.e. } \gamma = 1,$$

and $\qquad \operatorname{cis} 3\theta = \operatorname{cis} 0$

i.e. $\quad \cos 3\theta + i\sin 3\theta = \cos 0 + i\sin 30.$

Hance $\qquad \cos 3\theta = \cos 0$ and $\sin 3\theta = \sin 0$

i.e. $\qquad 3\theta = 0 + 2k\pi$ where $k = 0, \pm 1, \pm 2, \ldots$

$$\theta = \frac{2k\pi}{3}$$

Hance $\qquad z = 1\operatorname{cis}\dfrac{2k\pi}{3}$

$k = 0,\ z_1 = 1$

$k = 1,\ z_2 = \cos\dfrac{2\pi}{3} + i\sin\dfrac{2\pi}{3} = -\dfrac{1}{2} + i\dfrac{\sqrt{3}}{2}$

$k = -1,\ z_3 = \cos\left(-\dfrac{2\pi}{3}\right) + i\sin\left(-\dfrac{2\pi}{3}\right) = -\dfrac{1}{2} - i\dfrac{\sqrt{3}}{2}$

It might appear that there are many more values of z obtained by putting $k = \pm 2, \pm 3, \ldots$ Check and you will find that the above values of z repeat themselves.

e. g. if $k = 2,\ z = 1\operatorname{cis}\dfrac{4\pi}{3} = 1\operatorname{cis}\left(-\dfrac{2\pi}{3}\right) = z_3$

There are, then, *three* cube roots of unity, and their representation on the complex plane reveals an interesting pattern. Each has a modulus of 1 and hence lies on the circumference of the unit circle. Furthermore they occur in conjugate pairs

$$z_1 = \overline{z_1} \text{ and } z_2 = \overline{z_3}$$

and are evenly spaced around the circle, each being separated by an angle equal to $\frac{2\pi}{3}$. They form the vertices of an equilateral triangle.

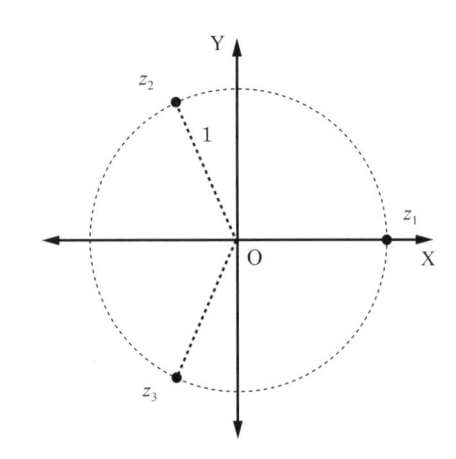

Alternatively

$$z^3 - 1 = 0$$
$$(z - 1)(z^2 + z + 1) = 0 \quad \text{(Difference of two cubes)}$$

Hence, $z = 1$ or $z = \dfrac{-1 \pm \sqrt{1-4}}{2} = -\dfrac{1}{2} \pm i\dfrac{\sqrt{3}}{2}$ as above.

EXAMPLE

Find the values of z for which $z^6 = -64$ where $z = x + yi$.

Let $\qquad z = \gamma(\cos\theta + i\sin\theta) = \gamma \text{ cis } \theta$

and $\qquad -64 = 64(-1 + 0i) = 64(\cos\pi + i\sin\pi) = 64 \text{ cis } \pi$.

Hence the equation

$$z^6 = -64 \text{ becomes } \gamma^6 \text{ cis } 6\theta = 64 \text{ cis } \pi$$

It follows that

$$\gamma^6 = 64 \text{ and so } \gamma = 2 \text{ since } \gamma > 0$$

and $\qquad\qquad \text{cis } 6\theta = \text{cis } \pi$

i. e. $\qquad\quad \cos 6\theta + i\sin 6\theta = \cos\pi + i\sin\pi$.

Hence $\qquad 6\theta = \pi + 2k\pi, \; k = 0, \pm 1, \pm 2,...$

$$\theta = \frac{\pi}{6} + \frac{2k\pi}{6}$$

$k = 0$, $z_1 = 2 \operatorname{cis} \dfrac{\pi}{6}$ $= \sqrt{3} + i$

$k = -1$, $z_2 = 2 \operatorname{cis} -\dfrac{\pi}{6}$ $= \sqrt{3} - i$

$k = 1$, $z_3 = 2 \operatorname{cis} \dfrac{\pi}{2}$ $= 2i$

$k = -2$, $z_4 = 2 \operatorname{cis} -\dfrac{\pi}{2}$ $= -2i$

$k = 2$, $z_5 = 2 \operatorname{cis} \dfrac{5\pi}{6}$ $= -\sqrt{3} + i$

$k = -3$, $z_6 = 2 \operatorname{cis} -\dfrac{5\pi}{6}$ $= -\sqrt{3} - i$

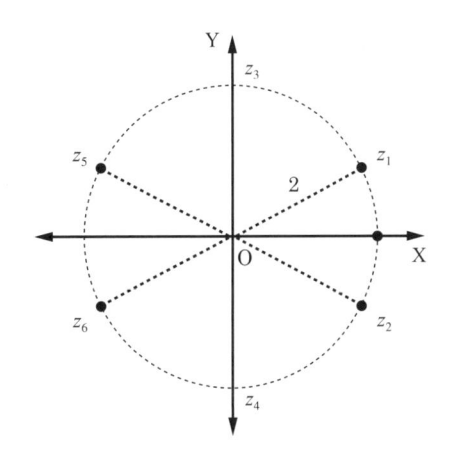

These are the six sixth roots of -64

Observe that, since each root has a modulus of 2, the roots lie on the circumference of a circle of radius 2 units and are evenly spaced around the circle, each being separated by an angle equal to $\dfrac{2\pi}{6}$. The roots also occur in conjugate pairs.

They form the vertices of a regular hexagon.

<参考文献>

はじめよう数学③　複素数の世界　　　　上野　健爾 著　　　日本評論社

理工系数学のキーポイント③
　　　　キーポイント　ベクトル解析　　高木　隆司 著　　　岩波書店

理工系数学のキーポイント④
　　　　キーポイント　複素数　　　　　表　　実 著　　　　岩波書店

大学への数学

大学入試「複素数平面」過去問題集　　　　　　　　　　　　旺文社

園部　順子
そのべ　じゅんこ

1949年　茨城県水戸市に生まれる．
1971年　茨城大学理学部数学科卒業．
1971～1974年　茨城県立岩井高校，茨城県立鉾田一高にて数学教諭として勤務．
現　在　千葉県八千代松陰学園にて高校数学講師として情熱的に指導にあたっている．
　　　　予備校講師．

協　力　表紙絵：伊藤政美　山本暁子
　　　　カット：白石嘉衣　溝上雅俊
　　　　海外文献・資料提供：佐藤耕平

指でわかるベクトル・複素数　　　　定価はカバーに表示してあります
2002年9月25日　1版1刷発行　　　　ISBN 4-7655-4228-9 C3041

著　者　園　部　順　子
発行者　長　　祥　隆
発行所　技報堂出版株式会社

〒102-0075　東京都千代田区三番町8-7
　　　　　　　　　（第25興和ビル）
日本書籍出版協会会員　　　　　電　話　営業　(03)(5215)3165
自然科学書協会会員　　　　　　　　　　編集　(03)(5215)3161
工　学　書　協　会　会　員　　　F A X　　　　(03)(5215)3233
土木・建築書協会会員　　　　　振替口座　　　00140-4-10
Printed in Japan

© Junko Sonobe, 2002　　　　装幀　技報堂デザイン室　印刷・製本　技報堂
落丁・乱丁はお取替えいたします．

本書の無断複写は，著作権法上での例外を除き，禁じられています．

●小社刊行図書のご案内●

化学用語辞典（第三版）	編集委員会編	A5・1060頁
土木用語大辞典	土木学会編	B5・1678頁
建築用語辞典（第二版）	編集委員会編	A5・1250頁
電子機械用語辞典	沢田精二ほか著	B6・256頁
工業数学ポケットブック	C.Kim著／大河誠司ほか訳	A5・936頁
工学系のための常微分方程式	秋山成興著	A5・204頁
工学系のための偏微分方程式	秋山成興著	A5・222頁
実験でわかる構造力学の基礎	鋼材倶楽部鋼構造教材作成小委員会編	B5・150頁
よくわかる構造力学ノート	四俵正俊著	B5・260頁
構造力学の基礎 I・II	佐武正雄・村井貞規著	A5・各154・290頁
紙模型でわかる鋼構造の基礎	鋼材倶楽部鋼構造教材作成小委員会編	B5・94頁
データベースの原理	赤間世紀著	A5・184頁
Java 2による数値計算	赤間世紀著	A5・174頁
Java分散オブジェクト入門 —JavaRMI, CORBA, IDL, Jini, JavaSpaces対応	中山茂著	A5・224頁

●はなしシリーズ

数値解析のはなし —これだけは知っておきたい	脇田英治著	B6・200頁
ライト・フライヤー号の謎 —飛行機をつくりあげた技と知恵	鈴木真二著	B6・230頁
コンクリートのはなし I・II	藤原忠司ほか編著	B6・各230頁
クローンのはなし —応用と倫理をめぐって	下村徹著	B6・210頁
栄養と遺伝子のはなし —分子栄養学入門	佐久間慶子著	B6・208頁

技報堂出版　TEL編集03(5215)3161 営業03(5215)3165　FAX 03(5215)3233